昆虫はすごい

What a wonderful insect world!

昆虫の世界には驚くべき現象が
たくさんある。
本書ではよりすぐりの例を
取り上げているが、
ここではそのなかでも
とくに面白い
昆虫の姿や
生態の一場面を紹介する。
詳しくは本文参照。

動物界最速の動きで
大顎を閉じるアギトアリ
（写真はオキナワアギトアリ）。
大顎を開けて歩き回り、
つけねの中央部にある毛に
獲物が触れると、
時速230キロメートルの
速さで閉じる。
日本○島田 拓／撮影

ヤマトシロアリを糸でまとめて食べる
ケカゲロウの幼虫(右)と成虫(左)。
北米産の近縁種は毒ガスを
出してシロアリを殺すことがわかっている。
日本○小松 貴／撮影

狩る Hunt

ワモンゴキブリに針を刺す、
エメラルドセナガアナバチ*Ampulex compressa*。
この後、ゴキブリはゾンビのようになり、
半死半生のままハチに誘導され、
ハチはそのゴキブリに産卵する。
飼育○島田 拓／撮影

まねる Mimicry

有毒なオオゴマダラ（左）と
それに擬態する無毒なアゲハチョウの
オオゴマダラタイマイ *Graphium idaeoides*（右）。
フィリピン○著者／撮影

硬くて捕食者にとって食べにくいカタゾウムシ
Pachyrhynchus spp.（それぞれ左）と
それに擬態するカタゾウカミキリ *Doliops* spp.（それぞれ右）。
フィリピン○著者／撮影

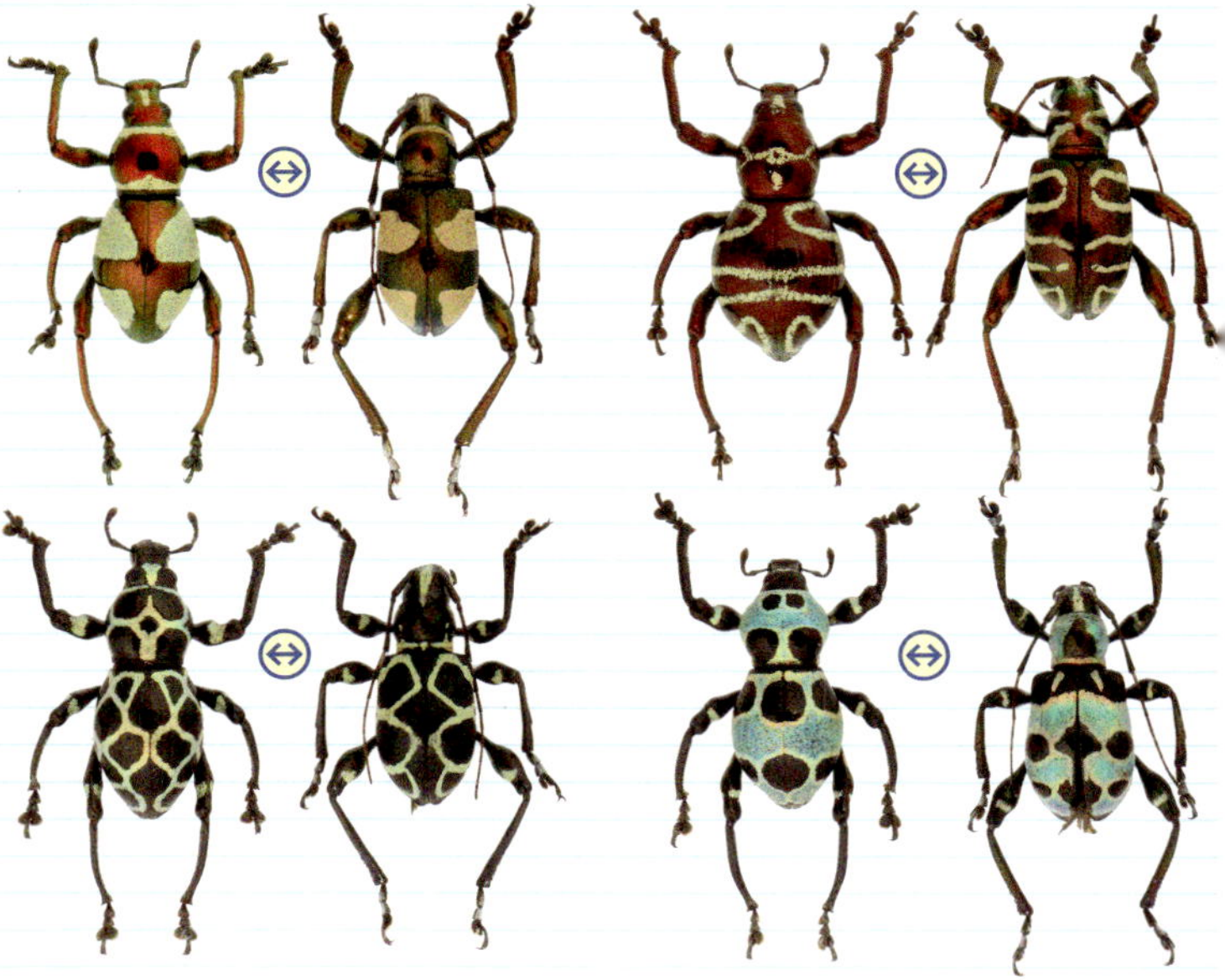

植物の葉に大量の卵を産むエゾカギバラバチ。その葉をイモムシが食べ、そのイモムシをスズメバチが幼虫に与え、そしてそのスズメバチの幼虫に寄生するという遠まわしな寄生方法をとる。

日本○野村昭英／撮影

子の数

Offspring

巨大な卵を一つだけ産む洞窟性のメクラチビシデムシの一種 *Leptodirus hochenwarti*。孵化した幼虫は何も食べずに蛹になり、成虫になる。

スロヴェニア○著者／撮影

ポティヌス属のホタルの一種 *Photinus* sp.の雄(右)と発光して雄を呼ぶ雌(左)。
アメリカ合衆国○著者/撮影

恋する Love

交尾をするオドリバエの一種 *Empis* sp.(上の2匹)。雌は雄が婚姻贈呈したニクバエ(下)を食べている。
日本○小松 貴/撮影

機能と形

Function and Morphology

奇妙な姿をした南アメリカのツノゼミ。
ペルー

ヨツコブツノゼミ

ミカヅキツノゼミ

キオビエボシツノゼミ

ハチマガイツノゼミ

カビツノゼミ

バラトゲツノゼミ

ヘルメットツノゼミ

ウツセミツノゼミ

奴隷制 Slavery

奴隷のクロヤマアリ（左）から
餌をもらうサムライアリ（右）
どちらも働きアリ。
日本○島田 拓／撮影

クロオオアリの
女王（左）に挑みかかる
トゲアリの雌アリ（女王候補）。
これからクロオオアリの
女王を殺し、
自分が女王に成り代わる。
日本○島田 拓／撮影

トビイロケアリの働きアリを捕まえたアメイロケアリの
雌アリ（女王候補）。これからトビイロケアリの
匂いを体に塗って、寄主であるトビイロケアリの巣に侵入する。
日本○島田 拓／撮影

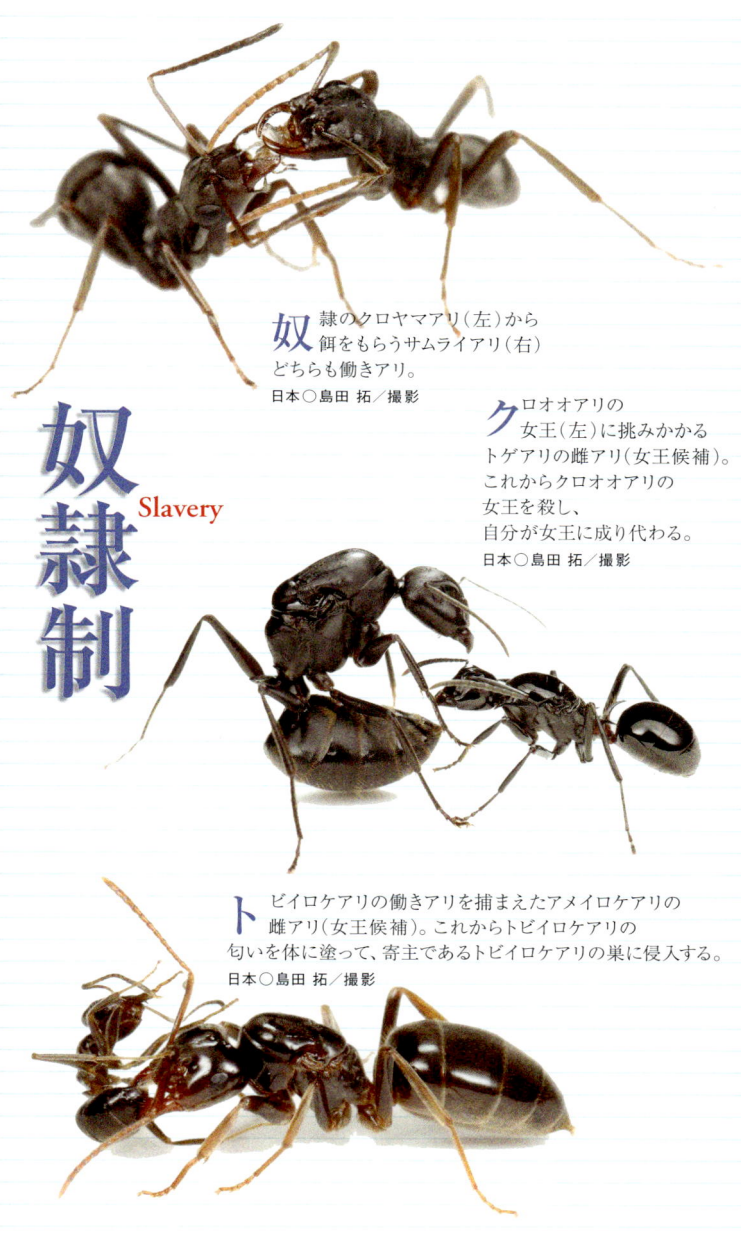

居候

Inquilines

ゴマシジミの幼虫とクシケアリ。

アリの好む匂いを出すと同時に、アリの出す音信号をまねて巣に紛れ込み、アリの幼虫を捕食する。

日本○島田 拓／撮影

ツヤヒメサスライアリ *Aenictus laeviceps*（上）に触角の第1節をくわえて運んでもらう共生性ハネカクシの一種 *Procantonnetia malayensis*（下）。
マレーシア○小松 貴／撮影

昆虫はすごい

丸山宗利

光文社新書

はじめに

われわれヒトの祖先の一部は、約十万年前にアフリカを旅立った。行く先々で社会集団を形成しつつ、ユーラシア大陸を横断し、アメリカ大陸へ渡り、それから一万年ほど前に南米大陸の南端にまで到達し、ほぼ全世界に生息地を広げた。

その後、文明を発達させ、ここ数百年の間に急激に個体数を増加させている。そして今では、地球上の自然環境に対してもっとも影響力の大きい生き物となっている。しかしそんなヒトも、所詮、数え切れないほどの生物種のなかの一種にすぎない。

たとえば、本書の主役である昆虫は、知られているだけでも世界に百万種を数え、地球上に生活する生物種の大部分を占めている。

「虫けら」と見下されるこれら昆虫でも、実は個々の能力に関しては、ヒトと同等、あるいはより優れているものが無数にいる。

本書では、多様性のうえで繁栄をきわめる昆虫を対象として、それらの興味深い生活や行動について紹介したい。そのすごさ、すばらしさは、本書の紙数だけで十分に表現することは難しいが、その一端はご理解いただけるものと信じている。

読者がおそらく一番驚くのは、ヒトが文化的な行動として行っていることや、文明によって生じた主要なことは、たいてい昆虫が先にやっているという事実であろう。本書ではそのような内容にとくに注目している。

そのことを知るにつれ、われわれは昆虫のなかにどうしてもヒトの姿を見てしまう。昆虫の行動の大部分は遺伝子に刻まれた本能の表現であり、学習によって得ることの多いヒトの行動とは根本的に異なることから、ヒトと昆虫を照らし合わせることに批判的な意見もあるかもしれない。

しかし、食欲や性欲はもちろん、突発的な行動や感情に代表されるように、ヒトは普段の行動も多分に本能に支配されているし、生物としての営みは、昆虫のような一見「下等」な生物に共通する部分も非常に多い。

この世のなかをとりまく問題に対するさまざまな評価や対処には、われわれヒトを一介の生物であると認識していないがために不自然になっていることが多いように思える。

私は社会学者でも評論家でもないので、具体的な方策についてはよくわからないけれど、ヒトのなすことについて、生物の本質への理解を欠いた判断をすると、やはりどうしても無理の生じることが多い。その場合、背景にある確信や信念は妄想とさえ思えてしまう。

などと少々大げさなことを言ってしまったが、本書に登場するさまざまな昆虫を通じて、生き物とはこういうもの、ひいてはヒトとはこういうものということがわかれば、少しは肩の力を抜いて厳しい人生を生きぬくことができるのではないだろうか。

目次

第2章　たくみな暮らし

第3章　社会生活

第4章　ヒトとの関わり

編集協力／江渕眞人（コーエン企画）
写真／有本晃一、岩渕喜久男、奥山清市、亀澤洋、小松貴、
島田拓、杉浦真治、鈴木格、長島聖大、林成多、
Rodrigo L. Ferreira, Alex Wild
口絵6ページ目出典：『ツノゼミ』（丸山宗利著・幻
冬舎）
※特に表記のないものは著者撮影

第1章

どうしてこんなに多様なのか

昆虫の多様性

地球は昆虫の惑星

現在のように地球がヒトやヒトの作った構造物で占められるようになったのはここ千年から数百年のことで、地球上の生命の歴史（四十億年）、さらには現在知られるほとんどの動物群の歴史（五億年）からすれば、つい「さっき」のこと、たった一呼吸前にすぎない。

もしその少し前、まだ人口の希薄だった時代の地球――たとえば日本の森林――にわれわれが探検に出たとしたら、どのような印象を受けるだろうか。おそらく、「なんて昆虫が多いんだ」、「なんていろいろな昆虫がいるんだろう」と驚くに違いない。

現代は地球上に真に原生的な環境（ヒトの生活の影響を受けていない環境）というものがほとんどなくなってしまい、ヒトのもたらす環境の変化により、毎日のように多くの生物種が絶滅しているといわれている。つまり、昆虫も世界全体で減少しており、とくに街中に生活していると、昆虫と出合う機会は少なくなっている。

しかし、その潜在的な多様性からすれば、実は「地球は昆虫の惑星」といっても過言ではないくらい、昆虫が隆盛をきわめているのである。

百万種でもまだ一部

現在知られている昆虫の種数は百万種を超え、これは既知の全生物（菌類や植物、ほかの動物など）の半数以上を占める[1][2]。とくに陸上環境に関しては、昆虫が圧倒的多数を占めるといってよい。

しかも、百万種というのはあくまで既知の種数で、まだまだ多くの名前のついていない種や未発見の種が残されている。研究者によって見解が異なるが、少なくとも既知の二〜五倍の種数が実際には生息していると考えられている。

また個体数も多く、ある熱帯地域の調査では、アリだけの生物量（バイオマス＝そこに住んでいる全個体を集めた重さ）で、陸上の全脊椎《せきつい》動物（哺乳類や両生類、爬虫類《はちゅうるい》など）の生物量をはるかに凌駕《りょうが》することがわかっている[3]（上図）。

図　アリと全脊椎動物の生物量をイラストで大きさに置き換えて比較した様子（Hölldobler & Wilson, 1994から改変）

ちなみに日本だけでも三万数千種の昆虫が知られており、実際にはその約同数かそれ以上の未知種が残されているとされている。だから「新種発見」というのは、すごいようで、それ自体あまり大したことではない。難しいのは、それが本当に新種であるかどうかを科学的に判定することである。

昆虫ってなに？

体のつくり

ではどうして昆虫が地球上で隆盛をきわめているのだろうか。

その前にそもそも昆虫とはなんだろうか。この点から本題に入ったほうがよいだろう。ここではごくごく簡単に紹介したい。しかし、少々難しいところもあるので、ここからの第1章は読み飛ばして、第2章から読んでいただくのもよいと思う。

まず、昆虫は動物（動物界）の一群である。そのなかの節足動物門（カニやダンゴムシも同じ）、昆虫綱という分類群に含められる。節足動物の特徴として外骨格であることがあげられる。文字どおり、体の外側が骨組みになる硬い外皮で覆われ、そのなかに筋肉が詰まっ

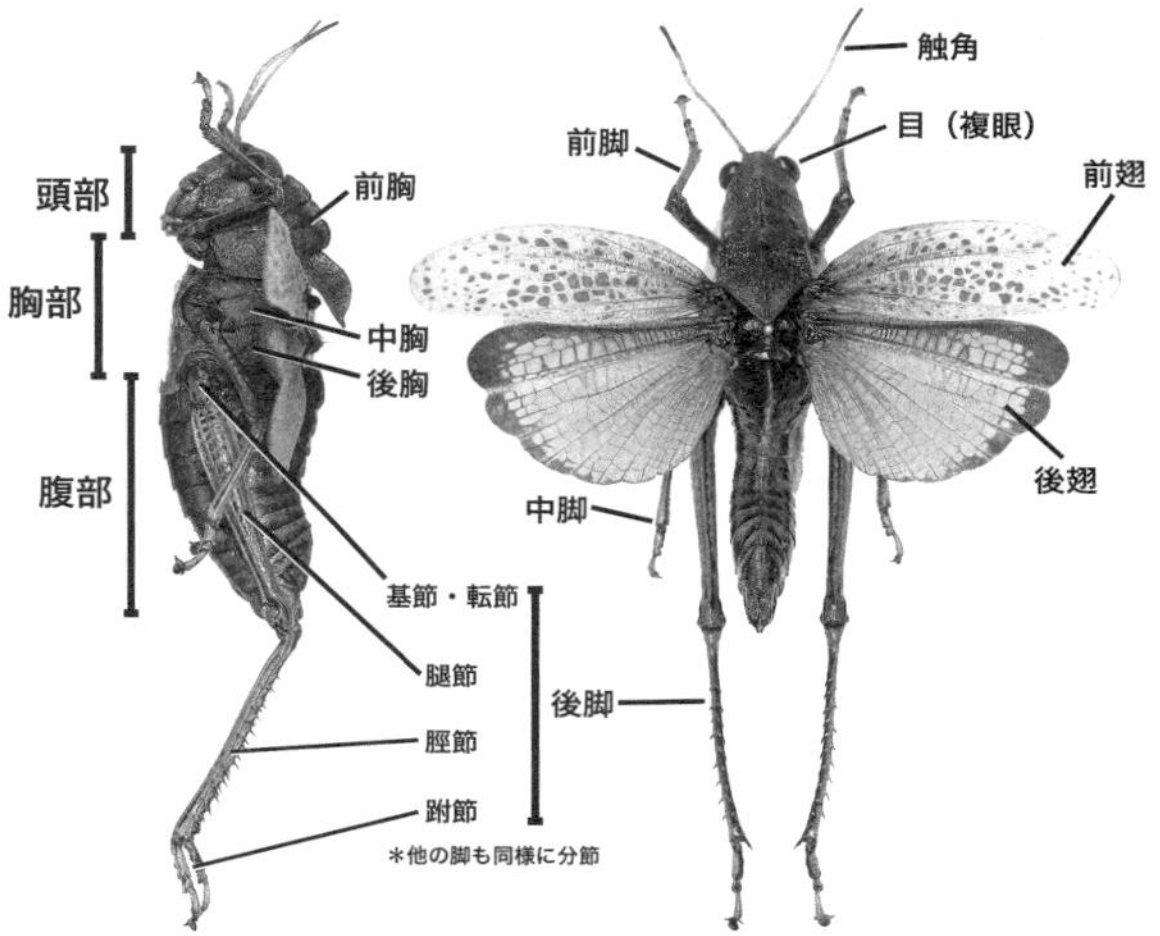

写真１　バッタの一種 *Romalea* sp.（メキシコ）をもとに示した昆虫の体のつくりと各部の名称

ている。食卓のカニやエビを想像すればわかるだろう。

われわれヒトを含む脊椎動物は、部分部分の中心部に骨が通っていて、その周りに筋肉が付着している。その点で、まったく体のつくりが異なる。

そのほかの昆虫を定義づける形態的な特徴として、体が「頭部」、「胸部」、「腹部」の三つに大きく分かれているのが大切な点である（写真１）。

頭部には口（基本的に咀嚼《そしゃく》・吸汁器官）と複眼（単眼というものもある）、触角がついている。すなわち、頭部には食べ物を摂るためと視覚などの感覚のための器官が詰まっている。

胸部は構造上さらに三節に分かれており、それぞれの節に脚がついている。すなわち三対、合計六本の脚がある。また大部分の昆虫では、胸部に二対の翅《はね》がついている。つまり、胸部には移動のための器官が詰まっているといえる。

腹部は十節に分かれていて、末端にある排泄器官や産卵器、生殖器をのぞき、それぞれの節はほとんど同じ形をしている。腹部には消化器官の主要部分や卵、精子が詰まっており、各節の横に気門という呼吸のための孔《あな》が並んでいる。つまり消化吸収と排泄、生殖、呼吸のための部分といえる。

ヒトも身体の各部分ごとに多少とも異なる機能を備えているが、その点は昆虫も同じで、分節した部分ごとに機能がはっきりとしている。

昆虫でない虫

よく、クモは昆虫かと訊《き》かれるが、クモは脚が八本で、昆虫の頭部と胸部にあたる節が融合して一節になっているので、まったく異なる。クモ綱という別の綱に含まれる。

同じように訊かれるムカデ（写真2）に至っては各節に一対ずつ、合わせて数十の脚があるので、これも昆虫ではない。ヤスデは各節に二対ずつの脚があり、昆虫ともムカデとも異なる。それぞれムカデ綱とヤスデ綱を形成する。

このような、基本的な体のつくりを「体制」といい、生物の大きな分類群を特徴づけるのに大切な情報となっている。

日本の古い時代には「蟲《むし》」といえば、魚と鳥と哺乳類をのぞくほぼすべての生物を指していた。現在ではさすがにそのような解釈はないが、クモやムカデなどと昆虫とをまとめて「虫」と呼ぶことが多い。その点で、クモやムカデは「昆虫でない虫」ともいえるだろう。

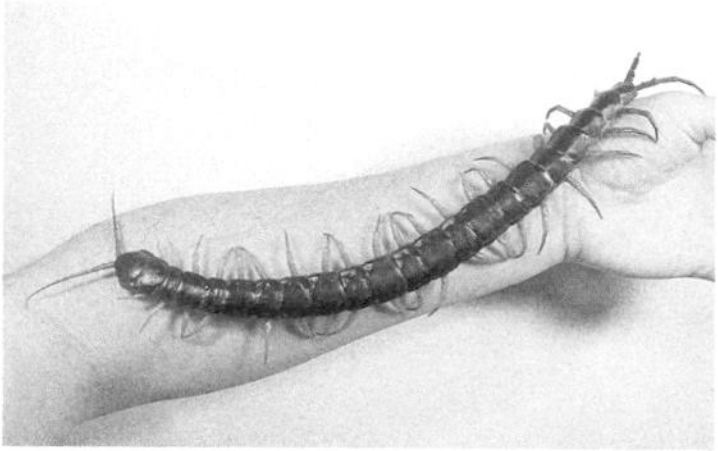

写真２　オオムカデの一種 *Scolopendra* sp.（マレーシア）　©島田

ちなみに、イモムシ（チョウやガの幼虫）には脚がたくさんあるではないかと思う人もいるかもしれないが、イモムシは前のほうに本物の三対の脚があり、後半にあるものは「腹脚《ふくきゃく》」と「尾《び》脚《きゃく》」（写真3）といって、幼虫時代だけに現れる、植物につかまるための脚の機能を持つ突起（疣《いぼ》のようなもの）である。

昆虫に普段から興味の薄い人に昆虫の定義を説明しても、詳しく実物を見ていない場合がほとんどであり、なかなか説明が難しい。私はいつも間違えられやすい虫を列挙して、「ダンゴムシ、ムカデ、ヤスデ、クモ、ダニ、サソリ以外のものは、だいたい昆

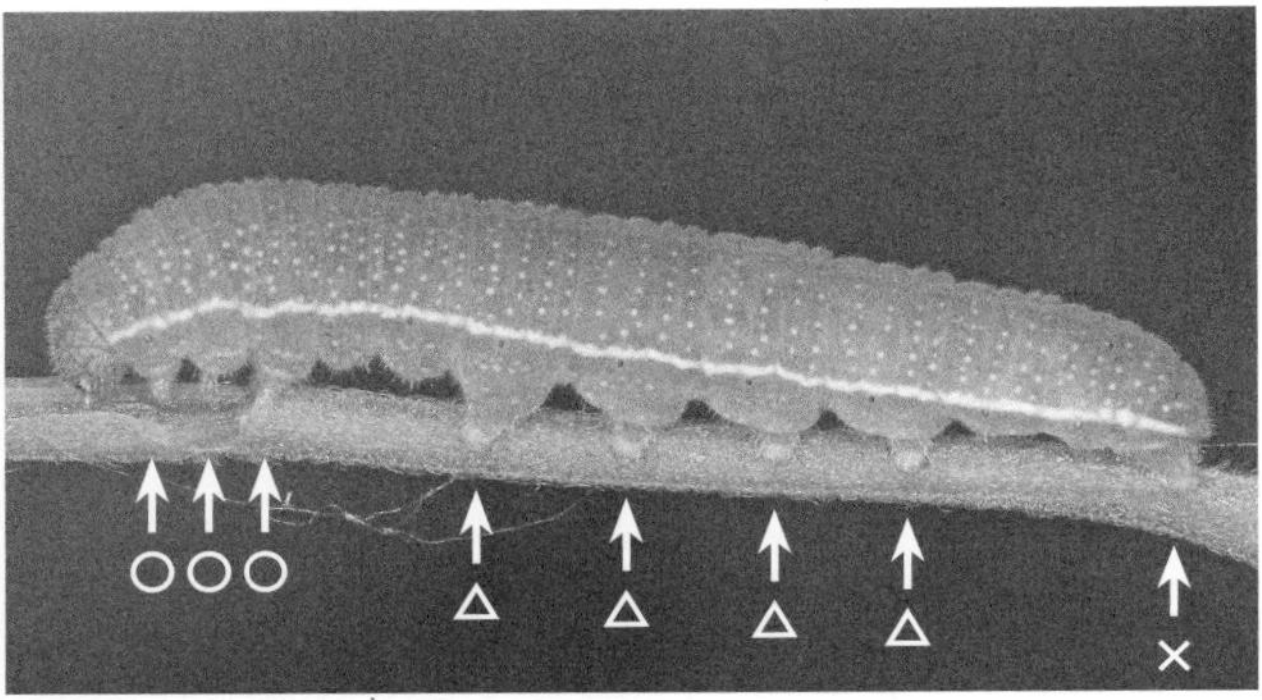

写真３　テングチョウの幼虫：左が頭部で、○印が本物の脚、△印が腹脚、×印が尾脚

虫だと思ってください。ナメクジやカタツムリは全然違って、貝のなかまです」と話すことにしている。

多様性のひみつ

大切なのは飛翔と変態

では改めて、どうして昆虫はこのように多様性をきわめたのだろうか。

実はこれだけで一冊の大著ができてしまうような奥の深い物語があるのだが、こちらも簡単にお話ししたい。

このことを語るにあたり、まず注目すべき昆虫の特徴がある。それは、「飛ぶこと」と「変態すること」である。「飛べない昆虫もいるし、変態しない昆虫もいるが、それらはごく少数派で、大部分の昆虫は成虫期に飛翔し、成長の過程で変態を行う（写真４）。

具体的には、九九％の昆虫（なかには進化の結果として翅を失ったものもある）は飛翔を行い、八〇％以上の昆虫は「完全変態」を行う。完全変態とは、幼虫から蛹《さなぎ》の期間を経てまったく姿の異なる成虫になることである。チョウを思い出していただくとわかりやすいだろう。

いっぽう、セミやバッタのように、幼虫が大きくなり、最後に脱皮をすると翅が伸び、そのまま成虫になることを「不完全変態」という。さらに翅のない原始的な昆虫であるシミなどのように、成長にともなう性成熟以外、一切の変態を行わないことを「無変態」という。

昆虫では無変態がもっとも原始的な状態で、そこから翅を持つものが進化し、さらに変態という生活史が進化していった。

人は古代から空を飛ぶことを夢見てきた。今でこそ飛行機やヘリコプターで夢の半分を叶えたが、本来、憧れの対象は鳥だったようだ。そのことはローマ神話の愛の神「クピド」が鳥の翼を着けてパタパタと飛ぶ様子を描いた絵画や、ギリシャ神話の「イーカロス」が鳥と同様の翼を作って飛ぶことに成功したといった物語にも表れている。

ただし、飛翔する生物の歴史のうえで、鳥は比較的新参者である。

写真４　卵から孵化したあとの昆虫の変態：上段からヤマトシミ（無変態）、トノサマバッタ（不完全変態）、アゲハチョウ（完全変態）　©長島

鳥以前に翼竜が空の世界を支配していた[4]。そして、さらにそのはるか昔、少なくとも翼竜の一億年以上前に、昆虫はすでに空を飛んでいた[5][6]。つまり昆虫は、地球で最初に空に活躍の場を広げた生物なのである。

最初の空の征服者

先述のとおり、飛翔可能なものが昆虫の大部分を占めることから、飛翔が昆虫の多様性に多大な影響を与えたことはまぎれもない事実である。では、具体的にどのような影響を与えたのだろうか。

その第一は、飛翔によって生活圏を広げたことである。小さな生き物が歩いて移動できる距離はたかが知れている。飛翔によって、地面の水平方向の長距離移動を可能にしただけでなく、木の上、山の上など、垂直方向の移動も可能にした。この移動によるさまざまな生活環境への移動と適応が多様化の引き金となった。

また、飛翔によって天敵から容易に逃れることができるようになったり、遺伝的に離れた（近親ではない）配偶者と容易に出合えるようになったりした。

さらに、飛翔を目的として進化した翅は、色彩によって隠蔽《いんぺい》的な効果をもたらしたり（草のような形状のバッタの翅など)、毒であることを周りに示す警告色となったり(毒を持つチョウのけばけばしい色の翅など)、衝撃や乾燥を避ける甲羅になったり(甲虫の硬い翅など)して進化し、飛ぶことだけではない別の効果を与えることになった。

驚異の変身

次に昆虫の多様化に大きな影響を及ぼしたのは変態である。変態とは、成長の過程で姿形を変えていくこと。つまりは変身である。

とくにカブトムシやチョウのように、完全変態昆虫と呼ばれるものは、その変身が著しい。卵から孵化《ふか》した幼虫は、脱皮を重ねて成長し、成長も移動もしない蛹を経て、成虫となる。幼虫と成虫で姿がまったく異なるのが、完全変態昆虫の特徴である。

生物の姿形には、必ず何らかの意味がある。姿が異なるということは、多くの場合、生活の方法に違いがあるということである。つまり完全変態昆虫では、一部の例外をのぞき、幼虫と成虫では生活方法と生活場所がまったく異なるのである。

さきほど述べたように、多くの人が知っている昆虫として、チョウの生活を思い出すとわかりやすいだろう。

植物に産みつけられた卵から孵化した幼虫（イモムシやケムシ）は、植物をひたすら食べて成長する。その様子は、食べるための機械のようで、天敵と競争者への対処や移動以外は、ただ食べては時々休むことを繰り返すだけである。

そして蛹になる。蛹のなかでは成虫に変身するために体の構造が大きく作り変えられる。昆虫は脱皮によって成長していくが、単純にそれだけでは体のつくりの大きな変更は難しい。そこで、蛹という「体の構造の改造工場」のような期間を経る必要があるのである。幼虫から蛹への変化も著しいが、蛹のなかでなおも変化を遂げ、成虫となって出てくるのである。

成虫は生まれた場所を離れ、花の蜜を吸ったりして、栄養を蓄えつつ、異性と出合い、交尾する。そして、雌は産卵を行う。

昆虫によっては、成虫は一切餌を食べず、交尾と産卵を短期間で終えて死んでしまうものも少なくない。つまり成虫の基本的かつもっとも大切な役割は、繁殖行動なのである。

完全変態昆虫の生活史を要約すると、幼虫は餌を食べて大きくなるための期間、蛹は大きく変身するための期間、成虫は繁殖するための期間である。植物にたとえると、幼虫は発芽から成長の期間、成虫は花と種子の生産の期間のようなものである。

変態と多様性

それでは、どうしてこの変態が昆虫の多様性に影響を与えたのだろうか。答えは幼虫と成虫の生息環境の違いにある。幼虫と成虫が「分業」すること、そして生活環境を違えることに意味がある。

幼虫は餌の豊富なところで食事に専念し、確実に成長を遂げる。そして、これは飛翔能力の獲得とも関係するが、成虫になって、別の場所に（多くの場合、飛んで）分散し、近親者のいない場所や、ほかのよりよい生息環境に産卵する。

もしこれまでと違う生活環境に適応できれば、それは新たな種の誕生につながる。反対に、変態をしないとどうなるだろうか。昆虫のなかで飛ぶ進化を遂げていないのは、原始的な昆虫であり、変態を行わないシミ目やイシノミ目のなかまである。

これらは移動分散に乏しく、幼虫と成虫が同じところに暮らし、生活環境も比較的単調である。そのため、どの種も似たような姿をしており、種数も少ない。これらの事実は、飛翔や変態が昆虫の多様性に与える影響の大きさを如実に表している。

進化とは

現在の生物多様性は、さまざまな環境への分散と「適応」が繰り返され、気の遠くなるような長い期間を経て成立したものである。

適応とは、新しい環境に住めるようになったり、別の餌を食べることができるようになったりすることであるが、それは「進化」という現象の一つのかたちである。

進化という言葉は、ピカソの画風が歳《とし》をとるごとに変わるように、あるいは自動車の車種改変が何年かで行われるように、人工物の変化に使われることも多いが、生物学における定義はそのようなものではない。

ごくごく簡単に説明すると、突然変異によって生じた性質の変化（遺伝子の変異をともなう）が、厳しい自然環境における選別、つまり自然選択によって、生存に有利な性質を持つ遺伝子が生き残る。その繰り返しにより、生物の形や性質が時間（世代交代）とともに変わっていくこと、それが生物の進化である。

たとえば、あるチョウが移動した先で、たまたま本来の餌ではない別の植物に産卵し、たまたまその幼虫が突然変異個体で、その植物を食べて栄養にすることができた。そして、それを食べてなんとか成長でき、次世代に子孫を残し、その子孫も突然変異から、その植物によく適応できるようになった。こういう偶然の繰り返しが実際に起きているのだろう。

さらにその過程で、その環境により適した形態に変化したものが、ヒトの目にも区別できるような「別種」の昆虫である。ただし進化というのは、形の進化だけではなく、遺伝子そのものを含めたさまざまな「形質」の進化であり、必ずしもヒトの目にも区別できるような変化を生じるわけではない。

突然変異の起こる確率、それが生存に有利な確率、さらにその繰り返しが生じる時間などを考えると、恐ろしいほどの年月がかかることは容易に想像がつくと思う。とくにヒトの目に見えるような生物の進化は、通常、何十万年、何百万年という単位で起こりうる。

また最近では、確率的に起こる遺伝子（遺伝子頻度）の変化こそが進化の根底であり、突然変異と自然選択に加え、雑種形成など、さまざまな要因が進化という事象に関与しているという考えが主流である。

さらに言うと、形態の進化というのは、必ずしも機能が複雑化する方向にあるわけではない。陸上から水中へ進化したクジラが陸上を歩けなくなったように、何かを得て何かを失う場合もあるし、洞窟に生息する昆虫が眼を失うような「退化」も進化の一つである。

進化的イベント

現在の昆虫の多様性は、これまでに述べてきたように、翅を獲得したり、変態という能力を獲得したりする「大事件」を背景に、種分化が繰り返されて成立してきたものである。そのような大事件を「進化的イベント」という。

現生の昆虫には、数え方は研究者によって異なるが、二十五〜三〇の「目《もく》」という大きな単位の分類群がある（次ページの表）。そのなかでずば抜けて大きな目がいくつかある。

一番大きな目は、甲虫目であり、世界に三十七万種が知られている。それに続いて大きな分類群は、ハチ目、ハエ目、チョウ目で、それぞれ十五万〜十六万種程度が知られている。いずれも完全変態昆虫であり、これらを合計するだけで、既知の昆虫全体（百万種）の大部分を占めることがわかるだろう。

これらの目には、それぞれ大きな進化的イベントがあった。たとえば甲虫目では、カブトムシを想像すればわかるように、硬い上翅の獲得があった。これにより厳しい気候や捕食者に対する抵抗が強まり、さまざまな環境への放散が可能になった。ハチ目ではほかの昆虫への寄生に適応した産卵形態の獲得、ハエ目では巧みな飛翔能力の獲得とさまざまな環境への適応、チョウ目は鱗粉を持つ翅の獲得や多様な植物への放散があった。

表　昆虫の変態の様式と目《もく》の一覧

変態の様式	目和名（旧名・漢字名）	代表的な科や種の一般名称
無変態	イシノミ目（古顎目）	イシノミ
	シミ目（総尾目）	シミ
不完全変態	カゲロウ目（蜉蝣目）	カゲロウ
	トンボ目（蜻蛉目）	トンボ
	カワゲラ目（襀翅目）	カワゲラ
	シロアリモドキ目（紡脚目）	シロアリモドキ
	ナナフシ目（竹節虫目）	ナナフシ、コノハムシ
	バッタ目（直翅目）	バッタ、コオロギ、キリギリス、カマドウマ
	カカトアルキ目*（踵行目）	カカトアルキ
	ジュズヒゲムシ目*（絶翅目）	ジュズヒゲムシ
	ゴキブリ目（広義）（網翅目）	ゴキブリ、シロアリ、カマキリ
	ハサミムシ目（革翅目）	ハサミムシ
	ガロアムシ目（非翅目）	ガロアムシ
	カジリムシ目（広義）（咀顎目）	チャタテムシ、シラミ、ハジラミ
	アザミウマ目（総翅目）	アザミウマ
	カメムシ目（半翅目）	カメムシ、セミ、ウンカ、ヨコバイ、アブラムシ、カイガラムシなど
完全変態	ヘビトンボ目（広翅目）	ヘビトンボ
	ラクダムシ目（駱駝虫目）	ラクダムシ
	アミメカゲロウ目（脈翅目）	ウスバカゲロウ、クサカゲロウ、ヒメカゲロウ
	甲虫目・コウチュウ目（鞘翅目）	ゴミムシ、ゲンゴロウ、ハネカクシ、コガネムシ、ゾウムシなど
	ネジレバネ目（撚翅目）	ネジレバネ
	ハチ目（膜翅目）	ハチ（スズメバチ、ミツバチ、ハバチ）、アリ
	ハエ目（双翅目）	カ、ハエ、アブ、ブユ
	シリアゲムシ目（長翅目）	シリアゲムシ、ガガンボモドキ
	ノミ目（隠翅目）	ノミ
	トビケラ目（毛翅目）	トビケラ
	チョウ目（鱗翅目）	チョウ（セセリ、タテハなど）、シャクガ、ヤガ、ヤママユ、カイコなど

＊日本に分布しない目

不完全変態ではあるが、カメムシ目も約八万種を含み、非常に大きな分類群である。

カメムシ目は、カメムシ、セミ、ヨコバイ、ウンカ、アブラムシ、カイガラムシなどを含み、口が注射針のような形をしており、それを植物に刺して、吸汁する性質を進化させることによって、植物の多様化とともに多様化した。

以上のように、それぞれの目における大小の進化的イベントが昆虫全体の多様化を生み出したのである。

生物の生きる目的

進化について説明したついでに、われわれヒトを含めた生物は、生物学的に見て、本来どのような目的で生きているのかという点についても触れておきたい。

それは、最近では「利己的な遺伝子[7]」という言葉に集約される。個体とは遺伝子の乗り物であり、個体はその遺伝子を残すことを至上命題としている。すべての生物はそのためだけに生きているといっても間違いではなく、生物を取り巻くあらゆる事象がこの考えで説明できるとされている。

また「適応度」という言葉もある。繁殖可能な子供を残す能力を指す言葉であり、それが高いか低いかが、その個体の真価となる。

あとで紹介する社会性昆虫のように、別の個体のために行動する個体もいる。そのような行為を利他的行動というのだが、実はそれも、その個体に血縁関係（場合によっては共通する遺伝子）があれば、自分の適応度を高める意味を持ち、この考えを適用することができる。

以上、一見、身も蓋もない無味乾燥な考え方に思えるかもしれないが、生物を冷静に観察するには必要な知識だと思っていただきたい。

第2章

たくみな暮らし

収穫する

植物との深い関係

われわれヒトが野菜や果物、穀類に食生活のかなりの部分を依存するように、植物を重要な食物とする生物はきわめて多い。食べることのできる植物のあるところにさえ行けば、まとまった量のある安定した餌を確保できるからである。昆虫も例外ではない。

植物のなかで、現在は被子植物という一群が多様性をきわめている。コケのような原始的な陸上植物からシダ植物が生じ、そこから種を作る種子植物という、より高等な植物に進化した。種子植物はイチョウなどの裸子植物と、大多数を占める被子植物に区別できる。種子が心皮《しんぴ》で包まれていないのが裸子植物、心皮で包まれているのが被子植物である。

われわれが植物として認識している身近な生物で、コケ、シダ、イチョウ、ソテツ、スギ、マツ類以外、すべて被子植物といってよい。

被子植物は一億数千年前に出現し、その生態的な優位性から、またたく間に地球上を覆い尽くすようになったが、それとほぼ同時に昆虫も爆発的に多様化した。

その背景には、被子植物の多様化とともに、それぞれの植物種に対してそれを食べる昆虫が特化し、種が分かれたというのがある。そして、送粉（花粉の受け渡し）を昆虫に依存する植物、花粉や蜜に栄養を依存する昆虫が出現し、両者の特化によって、植物と昆虫双方の種が多様化していったということもある。[1]

また、植物を食べる昆虫が増えると、それらを狙う肉食性の昆虫も増えてくる。それまで石の下などの隠蔽的な環境にいた肉食性の昆虫が植物上にも進出し、あるものはそれらを捕らえて食べ、あるものは卵を産みつける寄生者として多様化した。

さらに植物の遺骸である朽ち木や落ち葉も、さまざまな昆虫の生活場所となり、また餌となった。

植物と昆虫の戦い

もちろん、植物も昆虫にただ食べられているわけにはいかない。植物の多様化の歴史は、それを食べる生物、とくに昆虫との戦いの歴史でもあった。

実は大部分の植物には、昆虫に対する防御物質が含まれている。防御物質とはつまり昆虫にとっての毒である。

農作物の多くは改良によってそういった物質が少なくなっているが、野山に生える植物の大部分は、われわれにとって有毒であったり、強いアクがあったり、匂いがきつかったりして、食べられたものではない。そういった特徴も、実は植物の防衛策の表れなのである。

もちろん、それが毒になるかそうでないかは、植物とそれを食べる生物それぞれによって異なる。

たとえば、草食の哺乳類はわれわれにとって不味《まず》い植物もおいしそうに食べるし、昆虫にいたっては、ヒトが食べたらすぐに死んでしまうような強力な毒を持つ植物を平気で食べるものもいる。

逆にイヌが食べると死ぬこともあるタマネギやカカオ（チョコレート）はヒトが食べても平気である。このようなことも先に述べた植物への特化や適応の一つである。

それでは、自然界ではある植物に特化した昆虫がのうのうとそれを食べているのかというと、そうでもなく、植物と昆虫の戦いは、互いに対抗策を出し合い、常に続いている。

植物側の対抗策としてよくあるのは、昆虫が食べた部分に、植物が防御物質を送り込むという方法である。それに対する昆虫の摂食方法として、防御物質を流し込む葉の管を切断するというやり方がある。[2]

たとえば、クワズイモという植物の葉を食べる東南アジアのハムシ科の甲虫は、葉を食べる前に、葉に円形の傷をつける（写真5）。そして、傷をつけたあと、内側の部分をゆっくりと食べる[3]。

アサギマダラというタテハチョウ科のチョウの幼虫がキジョランなどの有毒植物を食べるときや、マダラテントウというテントウムシ科の甲虫が防御物質の強い植物の葉を食べるときにも同じ行動をとる[4][5]。

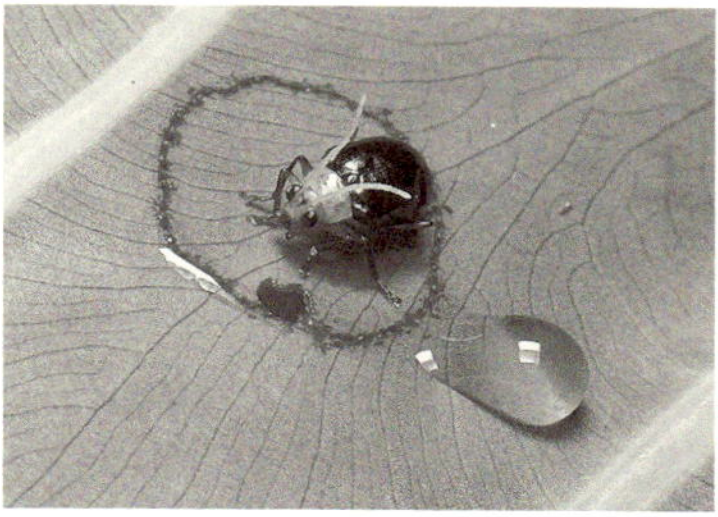

写真5　クワズイモの葉を食べるハムシの一種 *Aplosonyx* sp.（マレーシア）　©小松　＊これより、国名を示していない写真は、日本産の昆虫である。日本に分布する昆虫については学名を省略した。

植物の弱点は、動いて昆虫を追い払うことができないことである。防御物質の対抗策を突破（解毒など）された植物は、ただ昆虫に食べられてしまうしかない。昆虫によっては、有毒植物から得た毒を自分の体にため込んで、外敵からの捕食に対する防御に利用するものも少なくない。

殺し屋を雇う植物

ところで、ハチといえばスズメバチやミツバチを想像する人が多いかもしれない。実はこのように大型で目につくハチは、ハチのなかでも少数派で、例外的な存在である。大部分のハチはほかの昆虫に卵を産みつけて寄生する。それらは「寄生蜂《きせいほう》」といって、微小な種が多い。

　この寄生蜂は、実は多くの昆虫にとって、もっとも恐ろしい天敵の一つである。かなりの昆虫にそれに特化した寄生蜂が天敵として存在する。チョウやカメムシなど、目立つところに卵を産む昆虫は、「卵寄生蜂」といって、卵専門に寄生する寄生蜂にも狙われる。

　寄生蜂の生態についてはあとでも述べるが、この寄生蜂を護衛に利用する植物は多い。

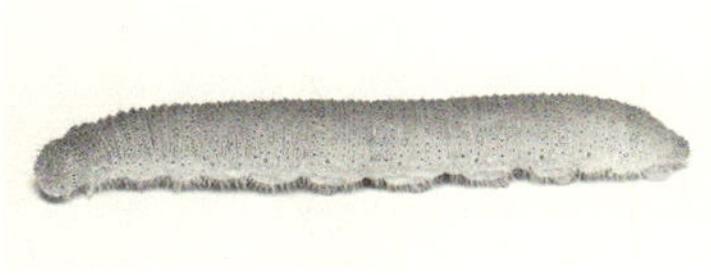
写真６　モンシロチョウの幼虫　Ⓒ長島

　ヨトウムシというガの幼虫がトウモロコシやワタの葉を食べると、植物の成分とヨトウムシの唾液が混じって、寄生蜂を誘因する化学物質が作られる。つまり、植物が寄生蜂という殺し屋（といってもすぐに相手は死なないが）を呼んでヨトウムシをやっつけてくれるよう助けを求めているのである[6][7][8][9]。
　ヒトもよく食べるキャベツなどのアブラナ科植物は、実は大部分の昆虫に有毒である。しかし、モンシロチョウ（写真６）などのいくつかの昆虫は、この毒を克服し、逆に自身の摂食行動を誘発する物質として利用している。ただしその物質も、モンシロチョウが食べると、ほかの物質と混じって寄生蜂を呼ぶ物質となる。[10][11]

ほかにも殺し屋や護衛を雇う植物はかなり多く、あとで紹介するアリと共生するアリ植物はその顕著な例である。

写真7　ウラジロオオバギに作られたタマバエ科の一種の虫瘤（マレーシア）　©小松

お菓子の家

ほかの昆虫に寄生するハチを紹介したが、昆虫は葉をかじるだけではなく、植物の内部に寄生することもある。なかでも特筆すべきは「虫瘤《むしこぶ》」を作る昆虫である。

たとえばタマバエという小さなハエは、種ごとにさまざまな植物に虫瘤（写真7）を作る。

植物上に産みつけられた卵から孵化した幼虫は、その植物にもぐり込む。葉に幼虫がもぐり込んだ場合、その部分に小さな瘤のようなものができ始め、果実のようにどんどん膨らんでいく。幼虫はそうやってできた虫瘤を中から食べて成長するのである。
幼虫はそのように植物を変形させる化学物質を出す。そして実のないところに栄養のある実を作り出すような、見事な植物操作を行うのである。[12]
ほかに、アブラムシやキジラミなどのカメムシ目の昆虫、タマバチなどのハチのなかま、ゾウムシなどの甲虫にも植物に虫瘤を作るものがいる。[13]
子供のころ、誰しも「お菓子の家」に憧れただろう。これらの昆虫は植物を操作して栄養たっぷりのお菓子の家を作らせ、そこに住んでいるともいえる。
植物はこのようにして、さまざまな昆虫と関わりを持ってきた。ときに利用し、ときに抵抗し、結果として昆虫は植物の多様化の促進に寄与しているのである。

狩る

高度な保存技術

ヒトが魚や獣を安定して食物にしようとしたとき、難しいのはそれら「死体」の保存法だった。今でこそ冷凍冷蔵技術が発達しているが、その昔は運良くたくさん獲れても、せいぜい干したり、塩漬けにしたりするのが関の山で、基本的にすぐに食べるほかなかった。

捕食性の昆虫にも、捕まえた獲物をすぐに食べるものが多い。しかし狩りバチは独自の保存方法を編み出し、自分の幼虫に日持ちする餌を与えることに成功している。彼らは麻酔という技術に長《た》けている。毒針を使った麻酔により獲物を仮死状態にし、まったく鮮度を落とさないまま、長期間にわたって保存することができるのである。

ハチのなかに有剣類というスズメバチやミツバチを含む高等な一群があり、そのなかで比較的大型から中型のハチに狩りバチと呼ばれる種が多い。

その狩りや巣作り、産卵に関する生態はそれこそ千差万別で、昆虫の生態を研究するうえで、社会性昆虫とならんでもっとも面白いなかまである。

たとえばクロアナバチの雌は、地面に坑道を掘り、最初に巣を作る。それからツユムシというキリギリスのなかまを探しに出かける。

ツユムシを見つけたクロアナバチは、ツユムシの中枢神経に影響を与える微妙な量の毒を打ち込み、長期間動きをとめる麻酔をする。そのツユムシを抱えて巣の坑道まで運び、卵を産んで埋める。

孵化した幼虫はツユムシをゆっくりと食べて成長する。その際、殺さない程度に食べ進め、

写真8　大型のアシダカグモを仕留めたキバネオオベッコウ　©小松

最後に一気に残りを食べて成長するのは、多くの狩りバチの幼虫に共通した特徴である。

ほかにも、クモ、カマキリ、セミ、チョウやガの幼虫、甲虫など、さまざまな昆虫が狩りバチの狩猟対象となる。刺す際にその虫の急所を狙うものも多い。巣の様子も、竹筒などの既存の穴に獲物を運び込むものから、先に獲物を狩って、それから巣を掘るものまでさまざまである。[14]

ベッコウバチ科のハチのなかまはクモを専門に狩る（写真8）。世界最大のキョジンベッコウバチは同時に世界最大のハチでもあり、翅を広げた大きさは子供の手のひらを優に超える。そのなかまは北米から南米にかけて生息する巨大なクモであるオオツチグモ（タランチュラ）

を狩る。[15]

毒ガス攻撃

小舟に人々が乗り、巨大なクジラを仕留める昔の捕鯨絵巻を見たことがある人もいるだろう。小さな生き物が巨大な生き物に挑みかかる様子は、おそらく生死をかけた戦いでもあり、もし現場に居合わすことができたとしたら、圧倒される光景だったに違いない。

ケカゲロウというアミメカゲロウ目の昆虫は、幼虫時代にシロアリの巣のなかで生活する。シロアリの巣のなかでシロアリを食べて生活するのだが、生まれたばかりのケカゲロウの幼虫からすると、シロアリは強大な相手である。木を穿《うが》つシロアリの強力な大顎で反撃されれば、ひとたまりもない。

そこでその幼虫は、シロアリを麻痺させる揮発性の物質を出して、シロアリを動けなくして捕食する。つまり毒ガス攻撃である。[16]

北米産の種ではこのような生態が報告されているが、日本産のケカゲロウ（口絵2ページ目）では狩りの方法が異なる。

幼虫は単独で歩いているシロアリ、つまり隙のある個体に瞬時に咬《か》みつく。するとシロアア

写真9　バーチェルグンタイアリ *Eciton burchelii* を襲うハネカクシの一種 *Tetradonia* sp.（矢印）（エクアドル）

リはすぐに動けなくなり、その様子を見計った幼虫は、安全な場所にシロアリを運び込んで食べるのである。

シロアリは栄養に富むようで、シロアリだけを食べて育った幼虫は、二週間ほどで急激に成長し、蛹になることがわかっている[17]。

昆虫が自分と同等あるいはより大きい昆虫を食べるというのは、狩りの手法に困難さがあるが、うまくやれば、これほど効率的に栄養を補給できる手段はないのだろう。

巨大な獲物

ほかにも、たった一匹で、自分の体よりもさらにずっと大きな獲物を狩る昆虫がいる。

南米に住むハネカクシ科の甲虫の一種は、

グンタイアリの行列の周辺を歩き回り、少し弱ったアリを見つけると、それを行列から引っ張り出して食べる（写真9）。自分の体長の数倍はある巨大なアリを襲う[18]。

東南アジアに生息する別のハネカクシも、自分の数倍以上の体重を持つアリを襲うことがある。弱っているとはいえ、相手は強力な大顎を持ち、反撃されたら殺されてしまうだろう。その様子は、小さな世界とはいえ、サバンナの肉食獣の狩りを見るような迫力がある。

また、南米に住むコガネムシの一種は、大型のヤスデを専門に狩る。コガネムシの頭の先には二枚の歯がついており、自分の体長より大きなヤスデにしがみつき、その歯を使って、ヤスデをバラバラに解体してから食べるという[19]。

写真10　フサヒゲサシガメの一種 *Ptilocerus* sp.（タイ）　©小松

秘薬

フサヒゲサシガメ（写真10）というサシガメ科のカメムシの一群は、アリを狩るのだが、これも変わったことをする。

腹部のつけねに大きな穴があいており、獲物のアリを見つけると、アリにその穴を向ける。アリはその匂いに惹かれて近づくが、数十秒で体がしびれて動けなくなってしまう。

フサヒゲサシガメは動きの鈍い昆虫だが、このように何か特殊な化学物質によってアリを麻痺させ、ゆっくりと捕食するのである。[20]

その様子はまるで魔術を使うようで、なんとも神秘的な光景である。

ゾンビを操る

寄生性の生物のなかには、寄主《きしゅ》（寄生する相手の生物）を操作し、自分に都合のよい行動をさせるものが少なくない。その様子はまるで半死のゾンビを意のままに扱うようである。

たとえば昆虫ではないが、ハリガネムシという類線形動物門という分類群に属する二〇〜三〇センチメートルに達する細長い生物がいる。

これはカマドウマやカマキリに寄生するのだが、水中で繁殖行動を行うため、寄主の体内で成長すると、寄主を操作し、水のあるところまで移動させることがわかっている。そして、寄主が水辺に着くと、腹部を破ってにょろりと出てくる。

なお、この行動によりカマドウマが渓流性の魚類の重要な餌となり、その結果、渓流魚がほかの水生昆虫を食べ尽くすことがなく、河川の生態系が保たれるということがわかっている。[21]

日本にもいるセナガアナバチ科のセナガアナバチ属のハチは、ゴキブリを専門に狩り、幼虫はそれを食べて成長する。熱帯アジアに広く生息するエメラルドセナガアナバチという美しい種では、その狩りの方法がよく調べられている。

そのハチは、二回、ゴキブリに正確に毒を注入する。一回目は胸部神経節に注入し、これにより、前脚を穏やかに麻痺させる。二回目は逃げる反射行動を司る神経に刺す[22]（口絵２ページ目）。

ゴキブリはハチよりかなり大きく、飛んで運ぶことはできないが、これにより、歩けるが逃げることをしないゴキブリ、つまり「ゾンビゴキブリ」を作り出し、触角をくわえて、巣穴まで誘導し、そのゴキブリに産卵するのである。

写真11　トビイロケアリを狙って飛行中の日本産ナマクビノミバエ（矢印）　Ⓒ小松

また、ノミバエ科のナマクビノミバエ属のハエは、アリに寄生する（写真11）。北米のヒアリというアリに寄生する種では、幼虫はアリの体内で成熟すると、アリの頭を切り落とし、そのなかから出てきて蛹になるという少し不気味な行動をとる。

ハエの幼虫に頭を切り落とされる八〜一〇時間前、アリは決まって巣の外へ出る。そのアリは活発に歩くが、普段は攻撃的なアリであるにもかかわらず、そういった行動を示さない。文字通り腑抜けになっているアリには、そのような「意思」が失われているのだろう。

そしてそのまま、ハエが羽化するのに最適な環境である草の堆積したところにもぐり込み、やがてアリの頭のなかにいるハエの幼虫によって「首」にあたる部分が切り落とされる。幼虫はアリの頭のなかで蛹になり、羽化すると、アリの口から出てくる。[23] 日本にも同属のハエがおり、似たような行動をとる可能性が高い。

動物界最速の動き

最後に、一見原始的ではあるが、すごい狩りの方法を紹介したい。

昆虫のなかには恐ろしくすばやいものがいる。身近なところでは、ハエがおり、叩きつぶすのに、なかなか命中せず、誰もが歯がゆい思いをしたことがあるだろう。昆虫少年であれば、何度もギンヤンマを取り逃がして悔しい思いをした人も少なくないはずである。

実際、外敵に対する昆虫の反応はきわめてすばやい。

ワモンゴキブリという ゴキブリを使った実験では、外敵であるヒキガエルの舌の風を感知して反応するのに、〇・〇二二秒しかかからないという結果が出ている。[24] これはヒトの反応速度の約十倍である。

おそらく、カやハエからすれば、叩こうとする人の手は、ゆっくりと迫ってくる壁のようなものにすぎないのだろう。

そのすばやさを狩りに利用した昆虫がいる。世界中の熱帯に分布するアギトアリ属のアリ（口絵1ページ目）である。「アギト」とは大顎を意味し、その長く発達した大顎を特徴づけた名前である。

アギトアリは狩りに出かけるとき、常に大顎を全開にして、獲物を見つけると、それにゆっくりと近づく。大顎のつけねに長い毛が生えており、それが獲物に触れると、時速二三〇キロメートルで閉じ、バチンと獲物を挟む。その間、わずか〇・一三ミリ秒である。[25]

これにより、すばやい獲物も難なく捕らえることができるのである。

まったく同じ狩りの方法はアリ科のなかで複数回進化しており、ほかにも東南アジアのハンミョウアリなどで同じ行動が見られる。大顎で直接獲物を捕まえるというのは、一見原始的な狩りの方法であるが、そういう方法も極めれば驚くような手法になるものである。

着飾る

玉虫色の意味

生物の色彩の意味については、ほとんど何もわかっていないといってよい。また、ヒトから見て派手できらびやかな生物でも、それはあくまでヒトの視点であって、自然のなかで目立つ存在であるかどうかはわからない。

そういった誤解の代表は熱帯の美しいタマムシ科（写真12）や大型のコガネムシ科の甲虫である。これらの甲虫は強い金属光沢を持ち、たしかにわれわれの目にはきらびやかに見える。しかしそれらの生息地で、強烈な日差しのもと、ツヤツヤとした木の葉に止まっているのを観察すると、実に目立たない色であることがわかる。

すべての金属光沢を持つ昆虫がそうであるわけではなく、本来の生息地で観察しないと確かなこと（それも想像の域を出ないが）はいえないが、ヒトの目だけで判断してはいけない事象の好例である。

ただし、話はそんなに単純ではなく、一部のタマムシは明らかに現地でも目立つ色彩をしている。タマムシのなかには臭い匂いを出すものが多く、そのようなものは鳥などの捕食者に対して、自分が臭いことを誇示しているのだろう。そのような色彩を「警告色」という。

さらにややこしいのは、両者の中間的なものもいることである。おそらく複数種の鳥などの捕食者のいる環境で、ある場合には（ある捕食者に対しては）目立たない効果を持ち、ある場合には警告色的な役割を持つのであろう。そのような色彩は、まさに「玉虫色」の意味を持つのではないかと想像している。

写真12　ルリタマムシの一種 *Demochroa gratiosa*（マレーシア）　©小松

あとで擬態《ぎたい》のことについても触れるが、ある生物の色彩や姿が、特定の捕食者のみを対象にして進化したというのは誤解につながる。擬態の研究ではそのような研究例が少なくない。本書で紹介する昆虫の特徴についても、主要な意味はそうであっても、同時に別の意味を持つことも多いことを常に考えなければならない。

いずれにしても、ヒトの目には派手に見

えても、そうではないこともあると知っておく必要がある。

また、生理的にも、生物それぞれで見え方が異なり、ヒトのようにカラー映像で見えている動物はあまり多くないようだ。紫外線や赤外線の反射光を見ている生物もある。

ヒトの目で赤や青で区別できる生物も、実はその色彩の違いにはほとんど意味がないということもあるかもしれない。

たとえば八重山諸島《やえやま》(西表島《いりおもてじま》と石垣島)には、オオヒゲブトハナムグリという金属光沢のコガネムシが生息しているが、個体ごとに赤や金、緑、青と色彩の変異が激しい。日本本土に生息し、シカなどの糞を食べるオオセンチコガネという同じく金属光沢のコガネムシも、地域によって、赤、緑、青と変異がある。

これらの昆虫を見ていると、そんなことを考えさせられる。

チョウはなぜ美しいか

ヒトの判断にはあまり意味がなく、ヒトと同じ色彩感覚を別の生物が持つとは限らないとはいえ、美しいチョウを見ているとどうしてもその意味について考えてしまう。

チョウは道沿いや草原などの広い空間を飛んでいるものが多く、野外では明らかに目立つ。

写真13　ゴクラクトリバネアゲハ *Ornithoptera paradisea* の雄（左）と雌（右）：雄は黄緑色の金属光沢がある（パプアニューギニア）

野性的な能力の衰えたヒトにさえ目立って見えるのだから、鳥などの野生の捕食者にはもっと目立つに違いない。

チョウの色彩の意味については、当然、昔からいろいろな研究者が想像をめぐらしてきた。しかし、大部分は不明であり、状況証拠から明らかないくつかの事実があるのみである。

たとえば、マダラチョウ類というタテハチョウ科のチョウのなかまは全般に、幼虫時代に毒のある植物を食べ、その毒を成虫の体にため込む。ほかにも体内に毒を持っていたり、鳥などの捕食者が食べて不味い成分を持っているチョウは多い。そういうものについては、目立つ色彩は明らかに捕食者への警告色といえる。

また、雌が明らかに地味で、雄が派手な色彩を持つことがあり（写真13）、そういう場合にもいくつかの憶測が可能である。

たとえば、「産卵に専念する雌は捕食者から免れるために目立たないようにしている」、「雄は同種の雄同士でなわばり争いをするために、互いに認識しやすいように目立つ色彩をしている」、「毒を持っており、雌を探して移動する際、目立つところに出るために、警告する必要がある」、「雌によって派手な色彩の雄が選ばれてきた結果である」などである。

毒のあるチョウの警告色などは状況証拠からしてほとんど確実だが、「憶測」と述べたように、いずれにしてもこれらのことをしっかりと証明するのは難しい。厳密には推定される捕食者を用いて捕食の実験をしなければならないが、その実験条件ではたして捕食者が自然な行動をとるかどうかわからないし、想定される複数の捕食者を揃えるのは不可能に近い。

生物種が非常に多い熱帯で昆虫を観察していると、昆虫と捕食者の関係があまりにも複雑で、考えれば考えるほどわからなくなり、過去に著された色彩に関する研究も、もちろんその努力に敬意を払うべきではあるけれど、訝《いぶか》しく思えることがある。

私にとって昆虫の色彩は、多くの場合、その意味を完全に理解するのは不可能で、もはや妄想する楽しみに意義がある事象となっている。

まねる

自然物をまねる

音楽に絵画、工業製品など、ヒトのつくり出すものに真に独創的なものはほとんど存在しないといわれている。ヒトの言動はもちろんのことである。いずれも過去に存在したものの焼き直しであり、大なり小なり模倣である。

実はヒト以外の生物も模倣する。まねすべきものがあれば、必ずといってよいほどまねされる。しかし、ヒトが「これをまねよう」と思って何かをまねるように、個体が何かを見て変化をするということはない。

そう思ったに違いないと信じてしまうくらいに、よくできていることもあるが、ヒトのまねと異なるのは、それが生物個体の意思によるものではなく、突然変異と自然選択の膨大な積み重ねによる進化の結果という点である。

このように、生物が何か別のものに姿や声、匂いなどを似せることを「擬態」という。擬態は生物によるものまねの最たるもので、実は昆虫のかなりのものは、なんらかの擬態をし

写真14　オオコノハムシ *Phyllium giganteum*（マレーシア）　Ⓒ小松

写真15　カワラバッタ　Ⓒ小松

ているといってよい。

擬態と思われるものが本当に擬態であるかを含め、昆虫の色彩や形の意味を突き止めるのは難しいが、「隠蔽擬態」だけはわかりやすい事例である。

隠蔽擬態とは、別の自然物に姿を似せて、捕食者の目をくらますことである。いわば、忍者の「隠れ身の術」である。

一番身近な例は、植物の葉に姿を似せるバッタ目のバッタやキリギリスのなかまであろう。また、木の枝そっくりなナナフシ目のなかまも有名な擬態昆虫である。このような虫は本当に見つけるのが難しく、動かないとわからないことがほとんどである。

これらの昆虫のなかまはたいていなんらかの植物への擬態をしており、ナナフシの一種であるコノハムシ（写真14）は葉っぱそのものといっていいくらいに巧妙に擬態しているし、東南アジアや南米のキリギリスでは葉っぱそっくりのものや、地衣類やコケそっくりのものもいる。

また、植物に似せるだけではない。日本の河川敷や海岸に住むカワラバッタ（写真15）やヤマトマダラバッタは、地面そっくりの色や模様をしているし、アフリカの乾燥地帯に生息するバッタの一種は、小石のような姿で、石そのものに姿を似せている。

日本の昆虫だけでも、地衣類のなかにひそむコマダラウスバカゲロウというアミメカゲロウ目のウスバカゲロウ科の幼虫や、木の樹皮にそっくりなキノカワガというコブガ科のガなど、巧妙な擬態をするものは数え切れない。

写真16　トビモンオオエダシャクの幼虫
Ⓒ長島

化学擬態

身近な昆虫として忘れてはならないのは、シャクトリムシである。シャクガ科のガの幼虫の総称であり、多くの種が植物の一部に姿を似せている。木の枝そっくりのものも多く、クワエダシャクの幼虫は「土瓶割《どびんわり》」とも呼ばれるが、その名は、枝と間違えて土瓶をかけてしまい、それが落ちて割れてしまったという伝え話に由来する。

トビモンオオエダシャクの幼虫（写真16）にいたっては、葉を食べることによって、その成分を体に取り込み、単に見た目だけでなく、体表の成分までその植物に似せていることがわかっている。[26]鳥など視覚で餌を探す捕食者だけでなく、アリなどのように嗅覚で餌を探す天敵に対して有効な手段である。

このように化学成分を別のものに似せることを「化学擬態」というが、このガの幼虫は、隠蔽擬態とそれを同時にこなしているわけである。

虎の威を借る狐

権力を持つ他人の後ろ盾で威張る人、という意味の「虎の威を借る狐」ということわざがあるが、それに近い現象が自然界にも見られる。

それは、無毒な生物が有毒な生物に姿を似せる「ベイツ型擬態」である。このような擬態の発見者であり、偉大な博物学者であるヘンリー＝ウォルター＝ベイツにちなむ。[27]

とくに有名な例は、先述のマダラチョウや南米に生息するドクチョウのなかまである。それらのチョウの生息する地域では、ほぼ確実に各種に擬態する無毒のチョウがいる。たとえ

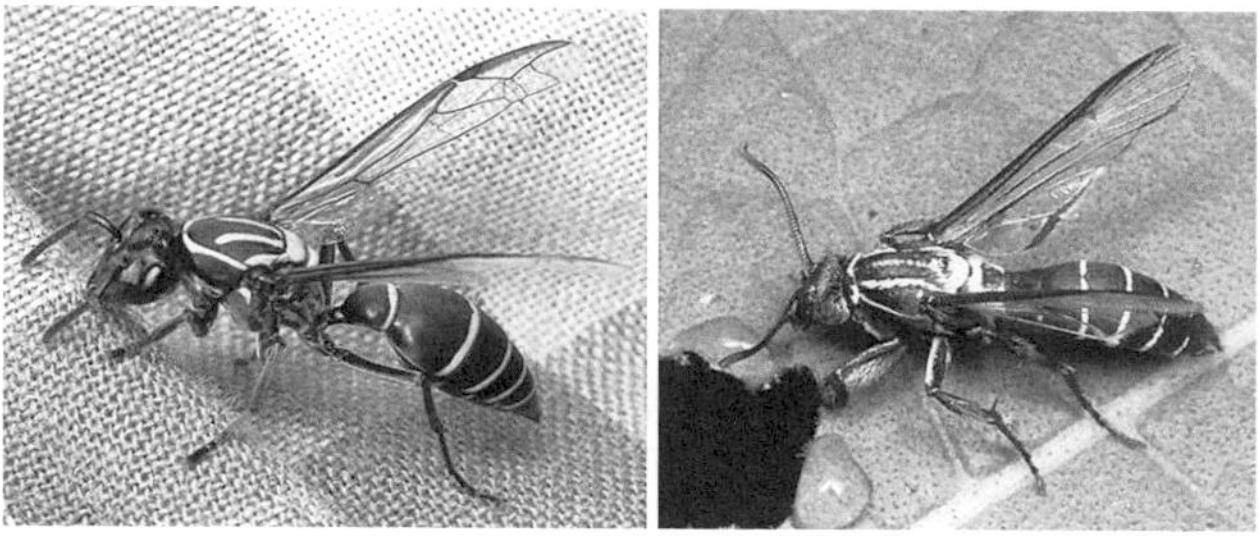

写真17　アシナガバチ *Polistes* sp.（左）と擬態者のカノコガの一種 *Myrmecopsis* sp.（右）（ペルー）

ば、マネシアゲハなどのアゲハチョウのなかまは、種や地域によって、さまざまなマダラチョウに擬態しており、その巧妙さは見事である（口絵3ページ目）。

そっくりなのは姿だけではない。毒のあるチョウは捕食者が少ないためか、ゆっくりと飛ぶことが多いが、これらのアゲハチョウはその飛び方までそっくりなのである。決してふてぶてしく威張っているわけではないけれど、その堂々とした姿を見ると最初に述べたことわざを思い出さずにはいられないのである。

日本にも生息するスカシバというガのなかまは、見事にアシナガバチやスズメバチなどのハチに擬態している。もちろん、毒針を持つハチを恐れる捕食者に食べられないためである。

南米にはさらに見事なハチ擬態のカノコガというガのなかまがおり、一目ではガとわからないほど、体の構造の細かい部分までハチに似せている（写真17）。

歩く宝石

また、捕食者に嫌われる要素は、毒だけではない。食べにくいというのも重要な条件のようだ。そのことを教えてくれるのが、蘭嶼《らんしょ》という台湾南部の離島からフィリピンを中心に分布する甲虫目ゾウムシ科のカタゾウムシのなかまである。

カタゾウムシはその名のとおり、とにかく硬い。蘭嶼のタオ族では、大人が指でつぶせるかどうかで、力比べをしたという。標本にする際にも、硬くて昆虫針が刺さらず、曲がってしまうほどである。

フィリピンには非常に多くの種が生息し、地域ごとにさまざまな色彩のものがいる。そして水玉や縞模様など、見るからに目立つ色彩をしている。その姿は歩く宝石とも形容されるほど美しいが、おそらく鳥などの捕食者に対する警告色なのであろう。[28]

そして面白いのは、フィリピン各地にカタゾウムシにそっくりの擬態者がいることである。とくにすごいのは、カタゾウカミキリ（口絵3ページ目）というカミキリムシ科の甲虫である。とにかくよく似ており、長い触角を持つことで、やっとゾウムシではなくカミキリムシだとわかる。そしてもちろん、カタゾウムシのようには硬くない。

一般に、模倣相手の不味い（食べにくい）生物のほうが、擬態する側の生物より個体数が多い傾向がある。捕食者は不味い生物を何度か食べて学習することが多いので、不味い模倣相手の生物のほうが少ないと、学習の機会が少なくなり、擬態が成り立たないのである。

カタゾウカミキリの場合はこれが極端で、カタゾウムシを数百匹捕まえてようやく一匹混じっているかどうかという珍種である。

ちなみに派手であるかどうかは判断が難しいと述べたが、カタゾウムシの場合は、硬くて食べられず、それをまねる擬態者がいるという点で、やはり警告色として目立つ色をしていると判断できる。

私がフィリピンのルソン島やミンドロ島を調査した際にも、あちこちでカタゾウムシが目についた。カミキリムシのほかにも、さまざまな昆虫がカタゾウムシに似た模様をしていた。フィリピンの昆虫の模様は、広くカタゾウムシに影響を受けているようだ。

同悪相助

カタゾウムシにはもう一つ面白い話がある。それは、同じく硬い別属のゾウムシが、地域ごとに模様を似せ合っていることである。[27]

さきほど捕食者が学習するといったが、毒のあるものや不味いもの、食べにくいものが互いに似せ合うことによって、捕食者の学習の機会を増やす効果がある。捕食者の学習の機会が増えると、各個体が捕食される可能性が低くなることになる。

この擬態を「ミューラー型擬態」といい、それを提唱したフリッツ＝ミューラーという生物学者にちなむ。[29]

われわれにとって身近な昆虫の例では、スズメバチがあげられる。たとえば日本本土では、四種か五種のスズメバチが同じ場所に見られるが、どれも橙色と黒の縞模様で、似たような模様をしている。同時にアシナガバチの数種も同じような模様をしている。

これが熱帯アジアにいくと、状況が変わり、腹部の前半が橙色で、後半が黒いものばかりになる。日本のものと同種でも、似たような変異が起きている。理由はわからないが、お互いにまねし合ってはいるが、その地域に優占する種の色彩に左右されるのかもしれない。

黒色と黄色あるいは赤色の模様で有毒性を示すことは、昆虫においては定番中の定番で、実にさまざまな昆虫で見られる。捕食者になる鳥類やトカゲ、カエルなど、幅広い生物に対して認識しやすい色彩なのだろう。ヒトも「虎ロープ」などで、この色彩を活用している。

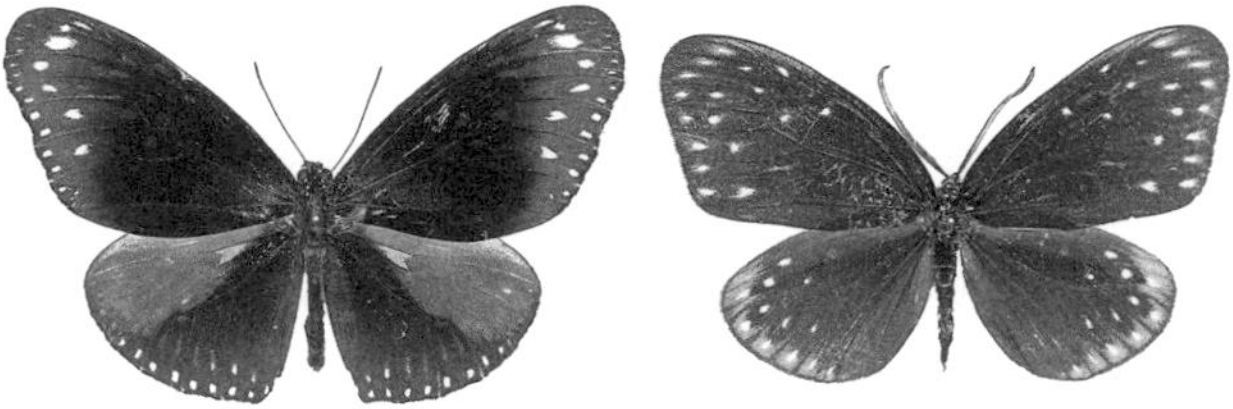

写真18　ともに有毒なツマムラサキマダラ（左）とマダラガの一種 *Cyclosia midama*（右）（ベトナム）

また先に述べたマダラチョウにもこの擬態があって、別種のマダラチョウが似せ合う場合もあるし、マダラガという猛毒のガでマダラチョウに似せているものもある（写真18）。

実は毒の強弱など、場合によっては、ベイツ型ともミューラー型ともいえないような例もあり、両者の区別の難しい場合もあるが、一部の例外を除いてわかりやすい擬態例を提供してくれることは確かである。

また、擬態の名称の由来となっているベイツもミューラーも、当初は斬新すぎて生物学者にさえ否定されたダーウィンの進化論の有力な支持者であった。ベイツにいたっては、その着想に多大な影響を与えたという。

擬態生物ほど自然選択のわかりやすい例を提供してくれるものはない。きっとベイツもミューラーも、その事実を説明するものは進化論以外にないと思ったのであろう。

恋する

甘い香り

最初のほうで述べたように、生物が存在する第一義の目的は自分の遺伝子を残すことである。そのため、生殖はその生活史におけるもっとも重要な仕事である。一年生の植物の大部分が種を落としてからすぐに枯れるように、昆虫も交尾や産卵をその一生の最後の目的としている。

大部分の昆虫は、近親交配を避けるため、できるだけ遠くの異性と交尾行動を行う。しかし、人間のようにお見合いや電気通信といった手段を持ち合わせていない昆虫は、出合いにさまざまな工夫をこらす。

一番原始的な方法は、自分たちの生息環境で、ひたすら歩き回ったり、飛び回ったり、泳ぎ回ったりして、別の個体と出合うことである。

原始的なシミや翅《はね》が退化したオサムシ（写真19）などは歩き回るしかない。チョウやトンボのように、長距離を飛べる昆虫では、別の生息環境に移動することもある。

それが進むと、樹液に集まるカブトムシやクワガタムシのように、餌場に出合いを求める。また、幼虫が枯れた木を食べるカミキリムシなどは、産卵場所となる枯れ木に成虫が集まり、そこで交尾を行うこともある。

雄と雌が出合ったとき、問題になるのは雄と雌の違いである。

多くの昆虫は、雄と雌で見た目に大きな違いがない。もちろんそれはヒトの目から見ての話だが、そもそも昆虫はヒトほど発達した視力を持たないものがほとんどである。

写真19　オオオサムシ　Ⓒ長島

視力が発達し、昼間に飛ぶトンボやチョウなどは、見た目で雌雄を判別する能力を持つことがある。しかし、ほかの昆虫ではどうするのだろうか。

そこでフェロモンの出番である。雄は雌の体から出るフェロモンを感じ取り、それによって雌であることを知り、交尾行動に至るのである。

実は大部分の動物が同じ仕組みをとっている。逆にヒトはそれが退化した数少ない陸上動物の一つといえる。

ちなみに最近の研究で、ヒトもフェロモンに相当する「匂い」

がさまざまな場面で恋愛に関係していることがわかりつつある。近親交配を避けるために思春期の娘は（自分に近い）父親の匂いを嫌悪し、自分とは異なる匂いの異性を好むことはその好例といえる。[30]

もっとも、性行為がヒトの本能的な行動の最たるものの一つであることを考慮すると、匂いが性的な行動に関与することが人間の本能のどこかに隠れていても不思議ではない。

最高の感知能力

昆虫のフェロモンを語るとき、ファーブルの研究を忘れてはならない。

オオクジャクヤママユ（写真20左）というヤママユガ科の一種の雌を研究室の金網に入れ、一晩窓を開けていると、翌朝、外から侵入した四十頭もの雄が部屋のなかを飛び回っていたという。[31]

フェロモンとは化学物質であり、雌は雄を呼ぶために、腹部にある毛束からそれを空に気化させる。

このような行動をとる一部のガでは、雄の触角は鳥の羽毛のような形をしていて（写真20右）、フェロモンの分子を感知しやすいように感覚器のかたまりとなっている。まるで巨大

写真20　オオクジャクヤママユ *Saturnia pyri*（フランス）（左）と日本産の近縁種ヒメヤママユの雄の触角（右）　©鈴木

なパラボラアンテナでわずかな信号も見逃さないようにである。

実際、カイコガ科のガであるカイコを使った研究では、わずか一分子のフェロモンも感知できることがわかっている。[32]それを感知した雄は、フェロモンの濃度の高い方向に雌がいると見定めるのである。

恋の歌

ヒトには五感というものがあり、視覚、聴覚、触覚、味覚、嗅覚がそれである。しかしこれは、ヒト独特の分類であり、昆虫の場合、これらの感覚は、互いに重なり合う部分が大きい。

たとえば、多くの昆虫では、音は振動に置きかえられ、触覚に重なる部分がある。暗闇で活動する昆虫は、体に生える感覚毛で感じる空気の振動や触覚が、ヒトの視覚に相当するものだろう。また、味覚と嗅覚はほとんど同じようなものであるし、行動的に触覚と同時に使われることも多い。

とにかくヒトが五感を分けてとらえるのとは異なり、昆虫は常にいろいろな感覚を総動員して生活している。

ただし、セミやキリギリス、スズムシなど、ヒトの耳に聞こえるような声で鳴く昆虫には、耳にあたる構造があり、聴覚が独立して発達していることが多い。

セミの場合、腹部のつけねにある膜状の部分はヒトでいう鼓膜にあたり、コオロギやキリギリスでは、前脚の脛節の部分に鼓膜に相当する聴覚器官がある（写真21）。

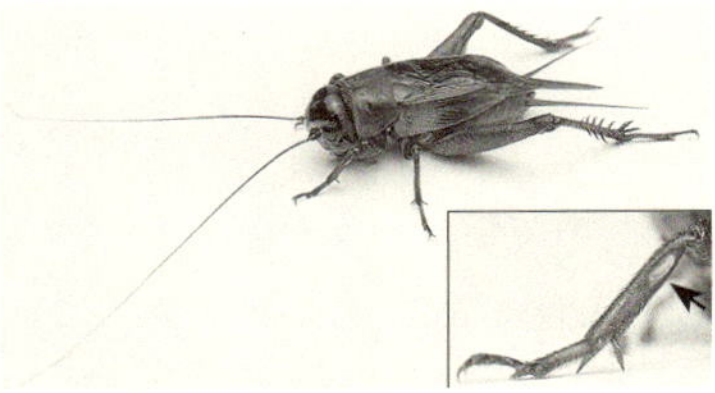

写真21　エンマコオロギの雄と前脚の脛節にある聴覚器（囲み・矢印）　©長島

これら大きな声で鳴く昆虫の多くは、雄が雌を呼ぶための道具として音を用いている。また、場合によっては雄同士で縄張りを誇示するためにも使う。つまり音は言葉である。食べ物以外で、ヒトと昆虫が同じものを同じようにして使うという珍しい例である。

実は、なかなかヒトの耳に届かないだけで、多くの昆虫が音を出している。子供を育てるモンシデムシ属というシデムシ科の甲虫の一群（写真22）は子育ての際に音を出して親子で交信を行うし、ほかの多くの昆虫もヒトの耳には聞こえない小さな音や振動でなかま同士の「会話」を行っているようである。[33]

ちなみに、ファーブルは、セミの近くで大砲を鳴らす実験を行った。その結果、セミはまったく驚かなかったという。[34] それはセミの耳が聞こえないということではなく、セミが不必要な音を感知しない（セミが感知し、反応する音域にない）ということである。

われわれはセミの声にうるさいと思ったり、哀愁を感じたりするが、セミはヒトの会話を聞くことさえできないのかもしれない。それはヒトの耳が小さな虫の会話を感知できないのと同じである。ヒトと昆虫が音という同じ道具を使っていると言ったが、道具の中身はずいぶん異なるようだ。

写真22　ヒミズの死体に来たヨツボシモンシデムシ　Ⓒ小松

結婚詐欺

光る昆虫といえばホタル科の甲虫が有名である。「恋に焦《こ》がれて鳴く蝉よりも鳴かぬ蛍が身を焦がす」という都々逸《どどいつ》があるように、静かに点滅して求愛の信号を送る様子は神秘的ではかない印象を与える。

　ホタルは各種に固有の光の点滅間隔によって雄雌で呼び合い、交尾を行う。また、雌だけが光り、それに光らない雄が誘引される種もいる。

　ところが悲しいことに、この習性を利用する天敵がいる。北米に住む肉食性のホタルであるポトゥリス属のホタル（写真23）は、別属のポティヌス属（口絵5ページ目）のホタルの雌と同じ点滅信号を出し、それに誘引されたポティヌスの雄を捕まえて食べるのである[35][36]。

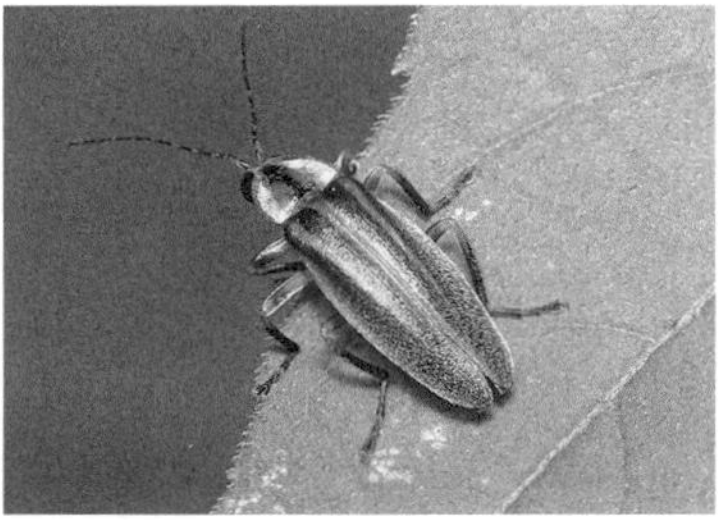
写真23　ポトゥリスの一種 *Photuris* sp.

　アメリカ合衆国のシカゴに住んでいたとき、ポティヌスは近所の公園にも見られる身近な昆虫で、その光に日本のホタルを思い出して懐かしんでいた。
　しかしある晩、そのポティヌスがポトゥリスに捕らえられ、弱々しく光りながら食べられているのを見たのである。恐ろしいものを見た気持ちにもなったが、この不思議な現象を間近で見ることができて感動したものだった。
　これは他人の恋愛感情につけ込んだ詐欺ともいえ、隙あらばそれを狙うものがいるという昆虫の世界の厳しさを改めて教えてくれる例である。

ちなみに肉食のポトゥリスがどのように交尾をするかというと、雌は未交尾のときにだけ、ポトゥリス固有の信号を出し、同種の雄を誘って交尾するのである。そして、交尾がすむと、ポティヌスの信号をまねて、こんどは餌とするポティヌスの雄をおびきよせる。

またホタルの大部分は光らず、光っても幼虫や蛹のときまでという種が少なくない。そもそもホタルには悪臭を出す種が多く、捕食者にとっては不味い存在である。[37] 日本のゲンジボタルやヘイケボタル、さらに成虫が光らないオバボタル（写真24）の赤と黒の色彩は明らかにミューラー型擬態である。東南アジアにいる多くの種でも全身が黄色い目立つ色彩で、ミューラー型擬態をしていると思われる。

幼虫や蛹の繁殖行動に使われない発光は、おそらく夜行性の捕食者に対する警告色の意味合いを持つものであろう。

写真24　オバボタル（胸部に赤い紋がある）
Ⓒ小松

贈り物作戦

ヒトの恋愛において、贈り物は有効な手段である。女の人はたいてい何かをもらうと喜ぶ。男も、なかなかもらえないけれど、もらえれば喜ぶ。実は昆虫の配偶行動においても、贈り物を行うものがいる。

とくに有名なのはオドリバエというハエのなかまの婚姻贈呈という現象である。その名のとおり、踊るように群飛するハエで、種によって行動は異なるが、雄は獲物の昆虫を雌に見せ、それ目当てに飛びかかる雌と交尾を行う（口絵5ページ目）。

このような行動は、雄が雌との交尾の機会を有効に得ようとすることが第一の目的のように思えるが、詳しいことはまだ検証されていない[38]。

贈り物となる餌の好みは種によって異なり、他種のオドリバエを捕まえるものから、クモの巣からクモを捕まえるものなど、かなり特化している。

また、オドリバエのなかには、獲物を前脚から出る糸でくるみ、包装してから渡すものもいる。おそらく獲物の動きを封じるためのものだが、丁寧なことをするものである[39][40]。

もっと面白いのは、中身は空っぽで、その糸だけでできた風船状の偽物の贈り物で雌と交尾する種がいることである。そうなると婚姻贈呈はすでに儀式化しており、雌にとっても意味がまったくない[41][42]。

男の甲斐性

このような儀式的な行為にはどのような意味があるのだろうか。

通常、雄は精子を生産するだけで、何度でも複数の雌と交尾することができる。いっぽう、雌が生産できる卵には限りがあり、やみくもに交尾を行うわけにはいかない。この場合、雌のほうが交尾に慎重になり、主に雌側が雄を選ぶことになる。また、雄は多数回の交尾ができるので、複数の雄が雌をめぐって争うことにもなる。

たとえば、クジャクの雄の飾り羽は非常に長いし、シカの雄の角はとても大きい。クジャクの雄の飾り羽の場合、雌がより立派な飾り羽の雄を選ぶことにより、進化してきた。シカの場合、雌をめぐる争いが生じることから、戦いに有利な角の大きい雄が生き残った。

このように、配偶者が篩《ふるい》にかけられることを「性選択」あるいは「性淘汰」という。

最初に述べたように、進化は生存に有利な特徴を持つ個体が生き残る自然選択によって生じるが、生存に関係のない普段の雌雄の行動の違いや形態差はたいてい性選択によって説明できる。

オドリバエの婚姻贈呈の場合、最初は雄が交尾をする機会を獲得するため、つまり雌が餌を食べる隙に交尾をしてしまうという戦略から基本的に進化したのだろう。これは想像にすぎないが、偽物の贈り物に関しては、雄が贈り物を雌に与えることにより、雌はその雄に対し、贈り物を獲得するだけの能力や体力を持っていると判断する意味があるのかもしれない（シカの角にはこの意味もある）。

このような性選択は、もちろんヒトにも働いている。女が男に対して、高価な贈り物を含むさまざまな「甲斐性」を求めることにも生物学的な意味を見出《みいだ》すことが可能だし、男も女に対して「若さ」、「腰のくびれ」など、生殖に関わるさまざまなことを求めている。

いろいろな贈り物

また同じようにして、ガガンボモドキというシリアゲムシ目のなかまの雄も、獲物を雌に与える婚姻贈呈を行う。この際、雄が贈呈する餌の量や質が雌による配偶相手の決定にとって重要であるという。まったく厳しい世界である。

雌への贈り物はそういった獲物だけではない。アカハネムシ科の甲虫（写真25）の雄はカンタリジンという毒を持つ甲虫を摂食し、それを自らの体にため込む。雄は頭部のくぼみにカンタリジンを分泌し、それを雌に与え、交尾が成立する。雌はカンタリジンを含んだ毒のある卵を産み、卵を食べるほかの昆虫を回避する。[43][44]

また、キリギリスやカマドウマのなかまは交尾の際に、精包という精子の塊のほかに、ゼリー状の大きな物体を与える。それは栄養が豊富のようで、雌はそれを好んで食べる[45]（写真26）。

雌が体内で精包や精子を栄養源として吸収する昆虫も少なくないようだ。[46]雌が交尾を行う利点ともなるし、雄にも自分の精子と受精する卵に確実に栄養を与えようという目的があるのだろう。

そして究極の贈り物は自分自身である。カマキリの雄は、交尾中に雌に食べられてしまう

写真25　アカハネムシの雄　©長島

写真26　精包を食べるカマドウマの一種の雌（タイ）

写真27　交尾前に雌に食べられてしまった気の毒なオオカマキリの雄（右）　©小松

ことがある。雄は上半身を食べられながらも、下半身だけはしっかり生きており、きちんと交尾を全うする。きっとそのような能力を持つ雄が遺伝子を残したのだろう[47][48]。

ただし、すべてのカマキリの雄が雌に食べられてしまうわけではなく、うまく雌と交尾して、さらに別の雌と交尾する要領のいい雄も少なくない。逆に、雌に近づく方法に失敗し、交尾を成し遂げる前に雌に食べられてしまう気の毒な雄もいる（写真27）。

広い森や草原で小さな昆虫同士が出合うのは、もともと高密度で生息していない限り、本来は非常に低い確率の偶然に頼るしかない。しかし昆虫は、そのような機会をできるだけ増やし、有効に利用するために、さまざまな手を尽くしている。

愛の舞踊

詳しくは後述するが、大部分の昆虫は陰茎を膣に挿入するという交尾行動をとる。しかし、原始的な昆虫であるイシノミ目とシミ目では、交尾器の発達が見られず、交尾を行わない。その代わり、体外で精子の詰まった粒を受け渡す。

交尾行動は雌の同意なく無理やり行うことも多いが、体外での精子粒の受け渡しとなると、雌の同意と積極的な行動も必要となる。そのためこれらの昆虫は、複雑な求愛行動を行う。

写真28　イシノミ科の一種　©小松

イシノミ（写真28）の場合、雌雄が出合うと、雄の先導でクルクルと回転して踊る。その際、雄は口《くち》髭《ひげ》で雌をなで回す。そして盛り上がってくると、雄は腹部から糸を出し、地面から斜めにピンと張り、その途中に精子の粒をのせる。それから雌の腹部の先端をその精子粒に誘導し、受け取らせる。[49][50]

そのほか、地面に柄付きの精子粒を置いてそこに雌を誘導するものや、陰茎に似た器官を雌の産卵管の近くに差し出し、直接精子粒を受け取らせるものもいる。シミも似たような踊りを交えた行動で、精子粒を雌に受け取らせる。[51]

原始的な昆虫に似合わず、いずれもたいへん繊細で、面白い行動である。

ちなみに、イシノミとは、湿った岩の上などに棲《す》んで陸生の藻類を食べている紡錘形のエビのような姿の昆虫である。あまり馴染《なじ》みがないが、湿度の高い森には普通に見られる。

シミは「紙魚」と漢字で書かれ、英語でも「シルバーフィッシュ（銀魚）」という。漢字のとおり、紙に生えるカビを食べたり、古い家の壁の隙間で生活する身近な種もいる。イシノミと同様に、全身を鱗《うろこ》状の毛で覆われており、魚のようである。この求愛行動も、ある種の魚にも似たものがあって、まさに「魚」という名は体を表しているといえる。

まぐわう

貞操帯

自分の遺伝子を残したいという本能的欲求は生物共通のものである。カエルや大部分の魚類など、水生生物の雄は体外受精によってその場で自分の精子を相手の卵に受精させることができる。しかし、交尾して体内受精するものが多い陸上生物では、配偶相手の雌が別の雄と交尾をする可能性が常につきまとう。

写真29　ギフチョウ（左）とウスバシロチョウの雌の腹端につけられた交尾栓（右：矢印の三角の突起）

ヒトの場合、そういった可能性への不安が嫉妬などとして表れるが、その点、動物はそんな面倒なことをしない代わりに、やることが徹底している。自分の遺伝子を優先的に残すためには手段を選ばないのだ。

一番直接的な方法は、自分が交尾したあとに、ほかの雄と交尾させないことである。古い時代にはヒトの社会にも貞操帯という金属製で鍵のついた下着があったようだが、同じようなものが昆虫にもある。

早春に現れるギフチョウやウスバシロチョウ（写真29）といった小型のアゲハチョウは、雄が交尾の際に精包を送り込むと同時に、粘液を出し、交尾栓（交尾嚢《のう》）という蓋を雌の生殖器に被せてしまう。それによって雌はほかの雄と交尾ができ

写真30　マイマイガの雄　Ⓒ奥山

なくなってしまうのである。このようなチョウでは、交尾済みの雌かどうかが一目でわかる。[52][53]

ゲンゴロウモドキというゲンゴロウ科の水生の甲虫にも交尾栓をつけるものがいるが雌はそれを脚で取り外してしまうことがあるという。相手の雄からすれば切ない話である。

また、ほかの雄に交尾させない別の方法として、ずっと交尾を続けるということがある。マイマイガ（写真30）というドクガ科のガは、交尾をして、精包を送り込んだあとも、ずっと雌とつながり続ける。[54] これにより、雌に誘引されたほかの雄が交尾できなくなる。

これらの行動を交尾後保護という。ほかにも、交尾したままでないにせよ、雄がずっと雌の背中に乗り続けるオンブバッタ（写真31）というオンブバッタ科のバッタはその顕著な例だし、クワガタムシ科の甲虫も交尾後に雌の背中におおいかぶさって、ほかの雄が近づかないようにするものが多い。

強引な男

すでにほかの雄と交尾した非処女雌と出合ってしまった場合には、貞操帯をしても意味がない。

その点、ミヤマカワトンボというカワトンボ科のトンボ目のなかまの雄は少々強引である。そのトンボの雄の陰茎の先には突起があり、交尾の際に、その前に雌と交尾した雄の精包をかき出すのである。[55]

写真31　交尾するオンブバッタ　Ⓒ長島

また、ヒトと異なり、昆虫の雌は雄から受け取った精包を体内の袋に保存し、産卵のときにそこから精子を出し、卵と受精させるものが多い。つまり、あらかじめ雌の体内の袋にある精子が受精に使われる。そのことは、雌の精包をためる袋の入り口近くにある精子が先に使われることを意味する。

そこでハッチョウトンボ（写真32）などのトンボ科のトンボは、先に交尾した雄の精包を奥に押し込んでから、自分の精包を送り込むという行動を行う。[56][57][58]

このように雄同士の精子をめぐる競争を「精子競争」という。か

写真32　ハッチョウトンボの雄（世界最小のトンボの一種でもある）　©奥山

写真33　トコジラミ　©長島

き出されたり、押し込まれたり、雄の精子競争に付き合う雌も大変そうである。もちろん、雌がさまざまな雄と交尾するなかで、結果的にそのような雄の遺伝子が残ってきたわけで、雌がそのような雄を選んできたともいえる。

異常な交尾

交尾というのは、通常、陰茎を膣に挿入すると述べた。体内受精を行う陸上の生物はたいていこの方法で交尾を行う。しかし、そのような常識を逸脱した昆虫もいる。

「ナンキンムシ」として知られる吸血性のカメムシであるトコジラミのなかま（写真33）では、雄は雌の腹部の適当な部分に陰茎を突き刺して、精子を送り込む。種によって異なるが、通常、精子は血液を通じて雌の卵巣にあたる部分にたどりつき、受精を果たす。[59]

したがって、トコジラミの雌の腹部をつぶさに観察すれば、傷の有無によって、それが処

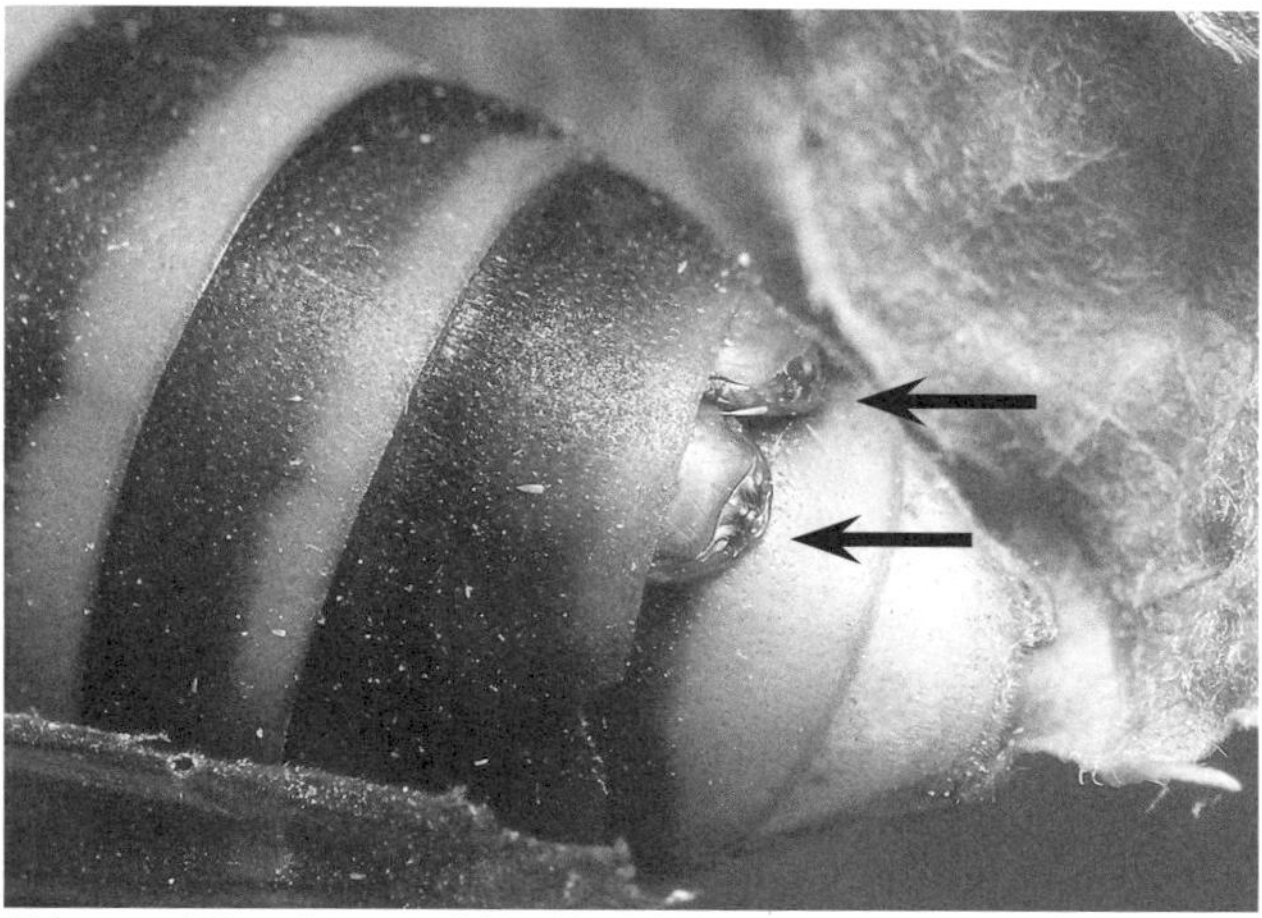

写真34　コガタスズメバチの腹節の間から顔を出すスズメバチネジレバネの雌（矢印）　©小松

女であるか、交尾済みのものであるか、何回交尾をしたのかまでわかってしまう。

トコジラミの腹部には特殊な袋状の器官があり、外傷による感染防止に役立っているという説がある。トコジラミは通常の交尾は一切行わず、この一風変わった交尾方法のみをとっているが、その理由はよくわかっていない[60][61]。

また、ネジレバネ目という（おそらく甲虫に近いとされる）一群があり、すべての種がほかの昆虫に寄生する。多くの種では、雄は飛べるが、雌はウジのような姿で、頭部周辺だけを外に出して寄主の体内に入り込んでいる（写真34）。

雄の成虫の寿命はきわめて短く、雌を探

して飛び回る。そして、雌を見つけたときには交尾器に相当する部分のほか、適当なところに陰茎を刺して交尾を行うことがある。[62]雌の体の大部分は卵管であり、精子は血液を伝って多数の卵に行きわたるようになっている。

昆虫では、ほかにもショウジョウバエが似たような交尾行動をとる。[63]この行動にもどんな理由があるのかはわかっていないが、普通の交尾よりなにか適応的な意味があるのだろう。前述のような他の雄による精子のかき出しや押し込みを不可能にするという意味があるのかもしれない。

同性愛

当然のことながら、通常の交尾では、交尾した雄の精子が雌に受け渡される。しかし、昆虫の常識破りは尽きない。

ハナカメムシ科に属するカメムシの一種では、雄同士が交尾を行う。交尾といっても雄には膣がないので、トコジラミと同じように雄の腹部の適当な部分に陰茎を差し込み、精子を送り込む。[64]

以下、刺す雄をT君、刺される雄をN君として説明すると、T君から送り込まれた精子は、

N君の精巣にたどりついて、そのなかに入り込むことがわかっている。

このあとその精子がどうなるのかはまだわかっていないが、N君が雌と交尾したときに、T君の精子も一緒に雌の体内に送り込まれる可能性がある。つまりT君は、別の雄であるN君に自分の精子を託して、N君の交尾の際に、自分の精子を使わせるのである。もしそうだとしたら、T君自身が交尾をすればいいはずだが、自分の精子が受精に使われる機会を少しでも増やすための方法なのかもしれない。

このような同性愛行動は、コクヌストモドキというゴミムシダマシ科の甲虫でも知られており、その種では質の悪い古い精子をほかの雄の体内に捨てるための射精行動である可能性が示唆されている。[65]

雌雄逆転

ブラジルの洞窟に生息するトリカヘチャタテ（写真35）というカジリムシ目の昆虫では、雌に陰茎状の器官があり、それを雄の膣状になった交尾器に挿入し、精包を吸い取るという行動が観察されている。つまり、交尾の関係が雌雄で逆転しているのである。

チャタテムシの雄の精包には栄養物質がついており、雌がそれを積極的に求めるためにこ

写真35　トリカヘチャタテ *Neotrogla curvata* の交尾：上が雌で下が雄（ブラジル）
© Rodrigo L. Ferreira

のような交尾形態が生じたようだ。

前に述べたように、通常の性選択では、雄の精子の生産より雌の卵の生産のほうが大変なので、雌が雄を選び、雄同士で競争が生じる方向に進化することが多い。しかしこのチャタテムシの場合、雄の栄養物質の生産が大変であることから、雌のほうが多くの交尾が可能となり、性選択の逆転が起きたと考えられている。

なお、大部分の昆虫では、雄が雌の背中に乗って陰茎を膣に挿入する。このチャタテムシでは、この体勢も完全に逆転しており、雌主導で雄の背中に乗って交尾を行うのである。[66]

子殺し

ライオンやハヌマンラングールというサルの

雄に子殺しという行動が見られることがよく知られている。両種ともハーレムを形成するが、新しいハーレムを形成した際、そこにいた子供（別の雄の子）を殺すのである。

その理由には諸説あるが、子育て中の雌は発情しないため、子供を殺して自分の交尾の機会を早く得て、確実に自分の遺伝子を残そうとするためという説が濃厚とされる。

昆虫にも同じようなことをするものがいるが、これも雌雄が逆転している例である。

タガメ（写真36）は水生の大型のカメムシで、水田や池に棲み、カエルや魚を食べる肉食昆虫である。

写真36　タガメの雌　Ⓒ奥山

タガメの雌は水面から突き出た木の杭や植物に六十～百個ほどの卵をかためて産み、雄はその卵に覆いかぶさって守る。雄は水中と卵塊を行き来し、卵を保湿しつつ、孵化までを見守る。雄による卵保護がないと、卵は腐って孵化しない。
雌は水中に雄を見つけると、交尾を迫り、産卵する。そのとき雄は、自分がそれまでに守っていた卵塊を放棄し、新しい卵を守ることがある。
ときに雌は、雄がそれまで守っている卵塊を見つけ、それを壊す。

つまり子殺しである。卵を壊された雄は、その雌と交尾し、こんどはその雌が産んだ卵を守ることになる。[67]

なんだかすべて雌の言いなりのようで雄が不憫に思えてくるが、こうしたタガメの雌の行動は非常に面白く、おそらく卵を守ってくれる雄をめぐり、雌間の競争が生じているのだろう。最近の研究がなく、興味深い研究課題といえる。

陰茎の大きさ一定の法則

昆虫とヒトの違いの一つに外骨格と内骨格という点がある。つまり、昆虫やエビなどの節足動物では、「骨」に相当する機能を持つ部分が体の外側を覆っているのに対し、われわれヒトや魚類などの脊椎動物では、体のなかに骨が通っている。

これは交尾をする器官である交尾器の構造の違いにも現れる。つまり昆虫では、陰茎も膣も柔軟性や伸縮性のあまりない外骨格でできているのである。

そこで昆虫の場合、雌の交尾器（膣）と雄の交尾器（陰茎）が、それぞれ錠と鍵の関係になっていることが多い。

生物は基本的に異種との交尾を避ける。それは子孫を残さない（受精や発生の起こらない）無駄な交尾になることが多いし、雑種ができた場合も環境になじめずに死滅してしまう確率が高いので、結果的に自分の遺伝子を残すことにつながらないからである。

そこで、しっかりとした錠と鍵の関係があると、異種と無駄な交尾をしなくてすむということもある[68]。

このような現象を「交配前生殖隔離」というが、ほかにも前述のようにフェロモンなどの化学物質を認識し、交尾前に互いに同種かどうかを見分けることも多い。

一方、そのようなしっかりとした錠と鍵の関係があると、たとえば栄養状態がよくて大きくなってしまった雄成虫と、栄養状態が悪くて小さく成長した雌成虫が交尾できないという問題が生じる。つまり大きな鍵が小さな鍵穴に挿さらない可能性がある。

その点、クワガタのなかまは、とくに雄成虫の大きさの個体変異が激しいが、それらにおける鍵と鍵穴の関係はどうなっているのだろうか。多数のノコギリクワガタ（写真37）で体のあちこちを計測した研究は、体のほかの部分の変異の大きさにくらべ、雄の陰茎の大きさの変異が小さいということがわかっている[69]。

写真37　ノコギリクワガタの雄　©長島

つまり、小さな雄も普通の大きさの陰茎、大きな雄も普通の大きさの陰茎で、どちらの雄もほとんど同じように交尾ができるようになっているのである。ほかにも成虫の体の大きさに変異のある昆虫がいるが、それらではどうなっているのか、気になるところである。

ちなみに、私たちはクワガタの小さな雄成虫をまだ「子供」で、その後も成長して大きくなると誤解していることがよくある。しかし、昆虫は成虫になったが最後、特別な例外を除いて、決して大きくはならない。

子だくさん・一人っ子

クローン増殖

クローンとは、同一の起源を持ち、同一の遺伝子を持つ個体のことである。それを人工的に行うクローン技術は、その将来性や倫理的な観点から、現代科学のなかで注目を集める研究技術である。

昆虫のなかにはそのクローンで増殖するものがいる。分裂して増える細菌や原生動物ならまだしも、昆虫のように比較的複雑な体の構造を持つ動物で見られるのは面白い。

雌雄のある生物が、雌だけで子供を産むことを単為生殖という。カメムシ目のアブラムシ科のなかま（写真38）の場合、卵胎生単為生殖といい、自分と同じ遺伝子を持っているクローンを産む。しかもそのクローンは、まるでロシアのマトリョーシカのようにすでに子供を宿しており、植物の汁を吸うアブラムシは、そこで爆発的に増殖する。[70][71]

秋になると雄が生まれ、このときだけ交尾（有性生殖）して卵を残す。その卵は翌春に孵化し、ふたたびクローンを産んで増える仕組みになっている。

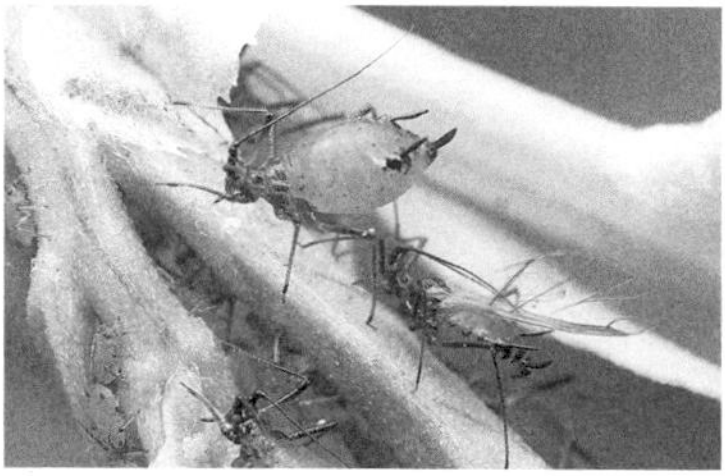

写真38　ソラマメにいるソラマメヒゲナガアブラムシ　Ⓒ小松

また、いくつかの科の寄生蜂には「多胚性寄生蜂」というものがおり、一つの卵が分裂を繰り返して増える。ヒトでいえば受精卵が二つに分裂した結果産まれる一卵性の双子のようなものだが、それとは分裂の回数の桁が違うことがある。

トビコバチ科のキンウワバトビコバチ（写真39）は、キクキンウワバなどヤガ科のガの幼虫の卵に小さな卵を一つ産みつける。その卵は、ガの幼虫の成長とともに分裂を繰り返し、数千もの卵（胚）に増殖するのである。

孵化した幼虫はガの幼虫の体内を食い荒らし、最終的にはガ

写真39　キクキンウワバの卵に産卵するキンウワバトビコバチ（左上）、キクキンウワバの幼虫（右上）、キンウワバトビコバチの通常の幼虫（繁殖幼虫）（左下）と兵隊幼虫（右下）　Ⓒ岩淵

の幼虫の体内の大部分がそのトビコバチの幼虫で占められるようになる。[72]

また、寄生蜂は別の寄生蜂との競争にさらされており、同じガの幼虫に別のハチが産卵したとき、それらとの間で殺し合いが生じる。このトビコバチでは、クローンの何割かは早熟幼虫といって、ほかの寄生蜂の幼虫を発達した大顎で攻撃する役目を持つ。しかもその幼虫は成虫にならず、兵隊としての役目を終えて死んでしまう。[73]

一つの卵が数千に分裂することも驚異だが、自分の分身の一部が別の姿で別の役割を担うなんて、なんとも不思議なことである。

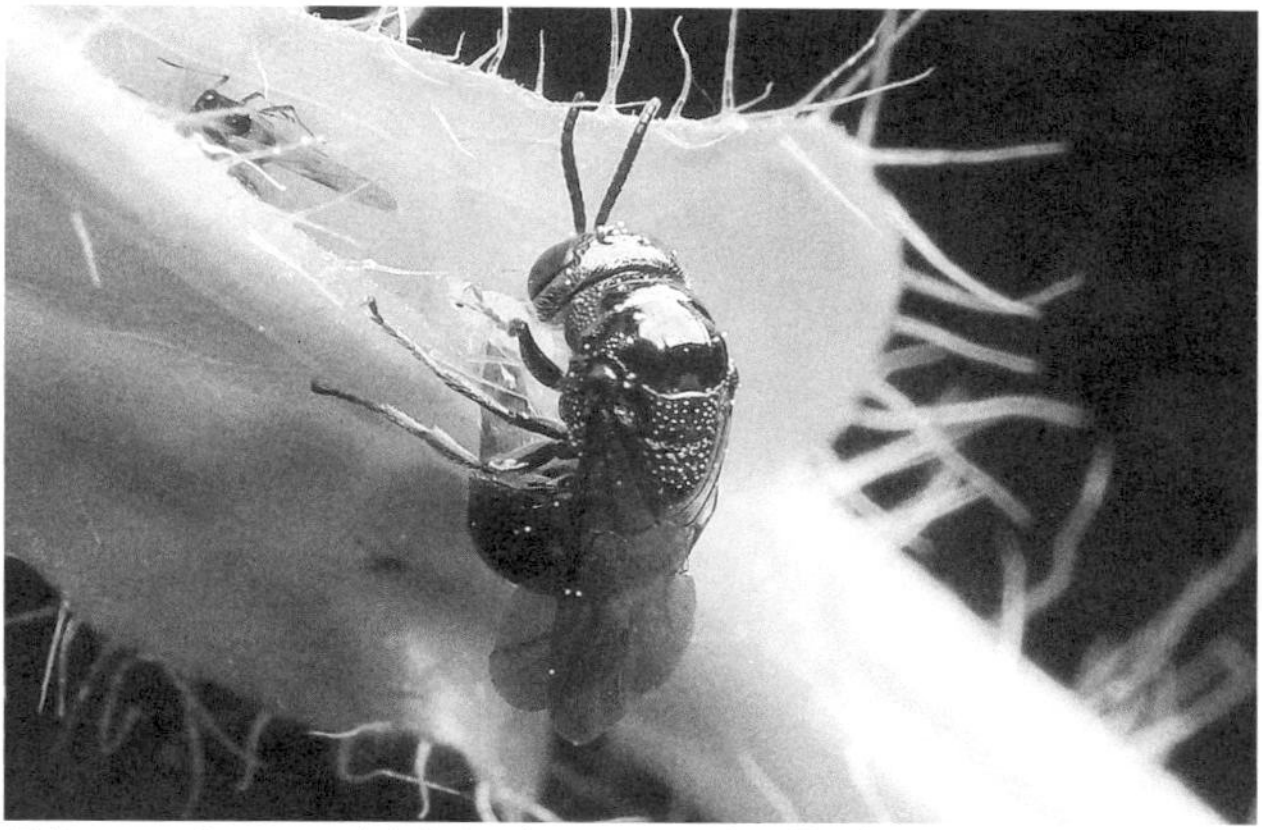
写真40　アブラムシに産卵するムネツヤセイボウ　©小松

トロイの木馬

ハチのなかまには面白い繁殖形態をとるものが多い。

アリマキバチ科のなかまは、アブラムシを狩って巣にため込み、そこに産卵する狩りバチである。アリマキバチの幼虫はそのアブラムシを食べて成長する。

セイボウ科のツヤセイボウ（写真40）というハチのなかまは、アリマキバチのなかまに寄生するのだが、その方法が面白い。

まず、ツヤセイボウは多数のアブラムシにひたすら自分の卵を産みつける。ツヤセイボウの卵が産みつけられたアブラムシをアリマキバチが狩り、巣に持ち帰ったとき、孵化したツヤセイボウの幼虫はアリマキバチの巣のなかでアブラムシを横取りして成長してしまう[74]。

要は鳥のカッコウの托卵《たくらん》と同じなのだが、カッコウが直接寄主の巣に卵を産むのと違い、その産卵の方法が非常に遠まわしである。おそらく、大半のアブラムシはアリマキバチには狩られない。幼虫は自力で植物上のアブラムシを食べることはできないので、ツヤセイボウの産卵は無駄に終わることが多いと思われる。

トロイの木馬という言葉がある。それは、トロイア戦争で、ギリシャ軍が兵を巨大な木馬にひそませてトロイアの城内に侵入したというギリシャ神話の故事に由来する。アブラムシはその木馬、ツヤセイボウの卵はそのなかにひそむ兵にたとえることができる。

宝くじ

寄生性の昆虫には、ほかにも遠まわしな寄生方法をとるものがいる。

カギバラバチ科のなかま（口絵4ページ目）にはスズメバチに寄生するものがいるのだが、その方法はツヤセイボウよりさらに遠まわしで、まるで宝くじのようである。

まず、カギバラバチは植物の上に非常に多数の微細な卵を産みつける。次に、その葉を食べるイモムシが、葉と一緒に卵を食べる。イモムシに傷つけられた卵は、イモムシの体内で孵化する。そして、スズメバチがそのイモムシを捕まえて、肉団子にして、巣に持ち帰り、幼虫に与える。

運よくスズメバチの幼虫の体内に入ったカギバラバチの幼虫は、スズメバチの体内を食べ、そしてそれを食い破り、さらに外から食べ尽くす[75][76]。

カギバラバチの卵の圧倒的多数は、植物の上に産みつけられたままで、さらにイモムシに食われても、そのイモムシがスズメバチに狩られる可能性はかなり低いだろう。このような宝くじ的な確率に運命を委ねているせいか、カギバラバチには個体数の少ない珍種が多い。

膨大な卵

ツヤセイボウやカギバラバチのような、行きあたりばったりの産卵をする寄生性の昆虫には、膨大な数の卵を産むものが多い。

ツチハンミョウ科のツチハンミョウ属の甲虫（写真41）は、幼虫時代にハナバチ類の巣に寄生する。地中に産卵された卵から孵化した幼虫は、植物の花によじ登り、そこに訪れる寄主のハナバチを待つ。

ツチハンミョウが寄生できるのは通常、一種から数種のハナバチである。

写真41　ヒメツチハンミョウの雌　©奥山

運よく寄主のハナバチが来ると、爪の発達した幼虫はそれにつかまり、巣に運び込まれる。そして、ハナバチの産んだ卵を食べてから、ハナバチの集めた花粉を食べてのんびりと成長する[77]。

孵化した幼虫は、花の上で数日の寿命が尽きてしまうものも多いし、花にはいろいろな種のハナバチやほかの訪花性昆虫も来るので、間違ってそれらにつかまり、関係のないところに連れていかれてしまうことも多い。

そこでツチハンミョウは、種によって数千から一万以上の卵を産む。これも宝くじ的な賭けである[78]。

また、ツチハンミョウのなかまは、幼虫期に形状が変態する「過変態」という生活史を持つことでも知られている。孵化した幼虫はハチにつかまるために爪の発達した「三爪《さんそう》幼虫」という形態をとり、よく歩き回ることができる。巣にたどりつくと歩く必要はなくなり、ずんぐりと太ったウジ状の幼虫に成長する。その後、「擬蛹《ぎよう》」という動かない幼虫を経て、蛹となる。

この過変態は、オオハナノミ科の甲虫、ネジレバネ目、コガシラアブ科やツリアブ科のハエ、アリヤドリコバチ科のハチ、カマキリモドキ科の昆虫（ウスバカゲロウと同じアミメカゲロウ目）など、寄生性の昆虫によく見られる。寄生性という生態に適応した生活方法の一つなのだろう。

二つの繁殖戦略

生物の一個体が産む子供の数には、さまざまな意味がある。たとえばヒトの場合、歴史的に見ると、たくさんの子供を産んで、たくさんの子供が死ぬ多産多死から、多産少死による人口爆発を経て、少産少死へと移行するとされる。

生物は、生息環境が気候的に厳しい場合や、生存が偶然に左右されることが多い場合に、たくさんの子を産む方法をとる。これを「r戦略」という。いっぽう、多数の競争者がいる場合や、小さな子をたくさん産んでも小さすぎて育たない場合には、少数の大きな子を産んで、確実に成長させる方法をとる。これを「K戦略」という。

多くの生物の産子数はこの分類で説明が可能である。たとえば、これまでに紹介した寄生性の昆虫は、典型的なr戦略者である。

しかし、昆虫のなかにはその生態について一筋縄では解釈できないものが少なくない。卵を一回に一つしか産まない昆虫がいるが、次に述べるように、それは決してK戦略ではないからである。

巨大な卵

よく知られているのは、ヨーロッパ南部に生息する洞窟性のメクラチビシデムシのなかま(口絵4ページ目)である。瓢箪《ひょうたん》型の体型をしており、わずかな数の卵を産むものが多い。そして極端なものは、巨大な卵を一つだけ産む。卵から孵化した幼虫は、何も食べずに蛹となり、成虫となる。[79]

メクラチビシデムシは洞窟内に落ちているほかの小動物の死骸を餌にしている。しかし、洞窟は生物の生息密度が全体的に薄いので、餌は極端に乏しく、歩行能力の高い成虫は餌を探して歩き回ることができるが、幼虫は餌を探すのが難しい。そこで、一つの卵に、幼虫から成虫になるすべての養分を投入するという方法をとったようだ。

また、ムクゲキノコムシ科の甲虫も、一個ないし数個の卵を産むものが多い。ムクゲキノコムシ科の種は微小なものが多く、最小のものは〇・四ミリメートル程度と、昆虫のなかでも最小級のものである。

そもそも昆虫の体の「小型化」には限度があり、最小のものは、チャタテムシの卵に産卵する寄生蜂の雄で、その大きさは〇・一三九ミリメートルしかない。雌も〇・二ミリメートルほどである。これより小さな昆虫は知られていない。

甲虫界最小のヒジリムクゲキノコムシの一種を用いた研究では、神経系や骨格の質量に加えて、卵の大きさが小型化を制限していることがわかっている[80]。つまり、卵の「小ささ」には限界があるので、成虫の体が小さくても、ある程度の大きさの卵を産むしかないのである。

また、巨大な卵に対応し、ムクゲキノコムシの一種で、体長より長く大きな精子を持ち、それを交尾相手の雌に渡すものも知られている[81]。

通常、動物の精子には、「鞭毛《べんもう》」といって、オタマジャクシの尾のように卵に向かって泳ぐための器官が付属しているが、そのような機能が不要となったためか、別種のムクゲキノコムシでは、鞭毛のない精子を持つものも見つかっている[82]。

キーウィ現象

最近私が発見し、新種として発表したメクラミジンシロアリコガネ（写真42）というシロ

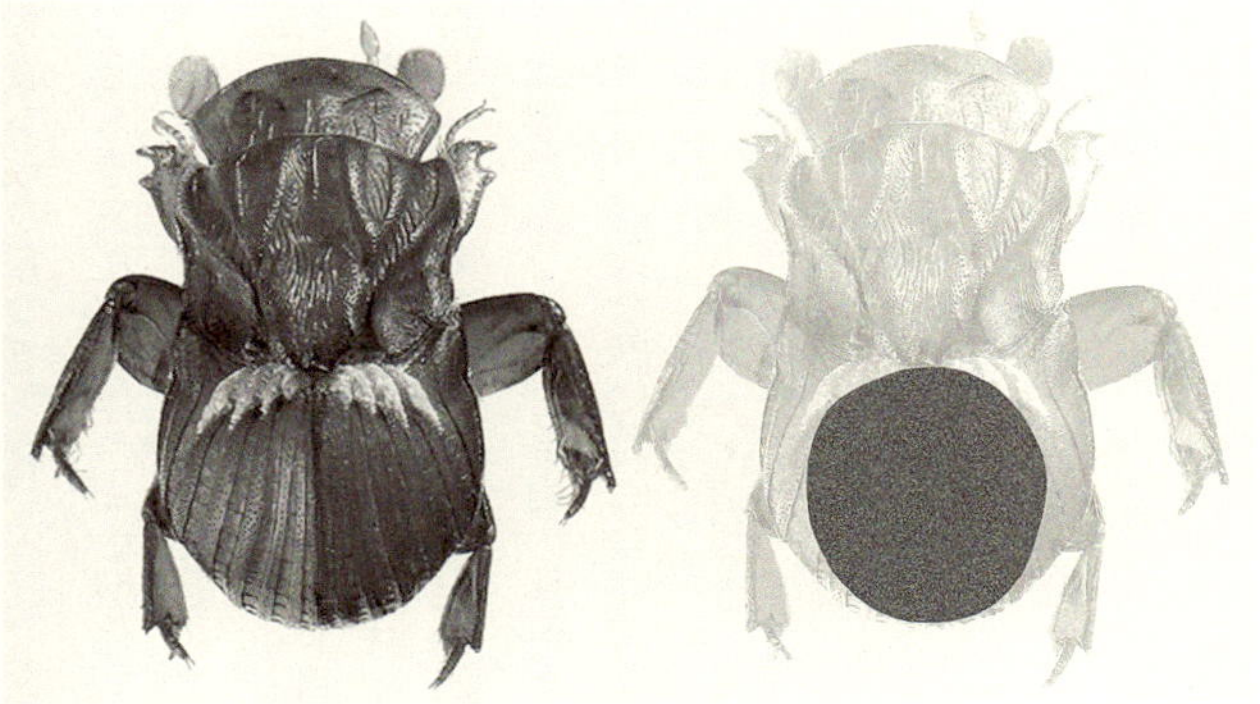

写真42　メクラミジンシロアリコガネ *Termitotrox cupido*（左）とその体内にある卵（右：灰色の丸）

アリの巣に住むコガネムシ科のなかまは、体長が一ミリメートル程度しかなく、これも体長の約半分を占める大きな卵を一つ保持している。[83] おそらくムクゲキノコムシと同じ理由による小ささの限界なのだろう。

同じく甲虫で、オーストラリアのセンチコガネ科の一種も、雌の体重の半分を上回る大きな卵を一つだけ産む。[84] この昆虫は餌の乏しい乾燥地に住み、これも幼虫が餌を食べずに成長する可能性があるという。[85]

また、シラミバエ科（写真43）という鳥類や哺乳類に寄生するハエの一群がいる。平べったい姿をした変わったハエで、動物の毛の隙間をすばやく走る行動に特化しており、寄主の血を吸って生活している。

このハエは腹部の体内で幼虫を育てて、成熟した幼虫を一匹だけ産む。その幼虫も何も食べずに蛹になり、成虫になる。おそらく寄生という生活に適応した成長様式なのだろうが、ほかの寄生性のハエには幼虫期を持つものもあり、その理由ははっきりとしない。

卵を一つだけ産むというのは、洞窟や砂漠のような餌の乏しい環境への適応であることと、寄生性のような特殊な環境への適応、そしてムクゲキノコムシのように、体の大きさに関係するという三つの理由があるようだ。

ニュージーランドのキーウィという変わった鳥も巨大な卵を一つだけ産むことで有名である。昆虫が巨大な卵を一つ産むことを私は「キーウィ現象」と名付けている。

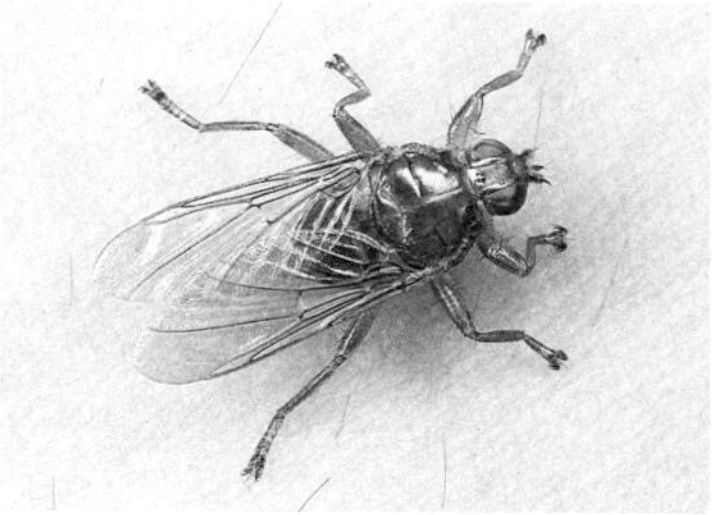
写真43　シラミバエの一種　©小松

機能と形

昆虫の特性を工業製品に

生物の行動や形態には、ほとんど無駄がない。無駄な行動はエネルギーの浪費につながったりして、そうした生物はどんどん淘汰されていくからである。つまり、そういう特徴を持つ個体が死んで、持たない個体が生き残る。

ただし、まったく無駄がないわけではなく、繁殖や生存に影響のないものは使わない形態であっても発達したり残ったりする。

そのようなわけで、一部の例外を除き、たいていの生物の形態には何らかの意味がある。そして近年、「生物模倣」といって、生物の持つ特質を見習い、それを工業製品に活かそうという事業が活発になっている。

たとえば、昆虫の基本的な性質ともいえる巧みな飛翔、泳ぎ、跳躍は、いまだにヒトには再現の難しい力学的な精確性に基づいている。考えてみれば、ヒトの技術をもってしても、いまだハエのように自由自在に飛ぶ小さな装置を作り出すことはできていない。

写真44　鳴くスズムシの雄

ほかにも、小さなセミやスズムシ（写真44）が、あれほどの大きな音を出すことや、さまざまな昆虫がツルツルの壁を登れること、多くの虫の体表がほとんど汚れないことなど、昆虫の能力とそれを支える形態的特徴には、ヒトにとって学ぶべきことがあまりにも多い。

その重要性においては、哺乳類や鳥類以上のものがあり、改めて昆虫の多様性というものの価値を思い知らされる。

摂氏百度のおなら

ミイデラゴミムシ（写真45）という体長二センチメートルほどのオサムシ科の甲虫がいる。「屁っぴり虫」ともいい、「おなら」をする昆虫として有名である。ちなみに「ミイデラ」とは「三井寺」のことで、三井寺円満院門跡にある鳥羽絵「放屁合戦」に由来している。

「おなら」というと可愛らしいが、この虫の出す「おなら」は「おなら」で済まされるものではない。なんと摂氏百度もの高温で、自由自在に出す角度を調整でき、敵に向けて噴射するのである。

写真45　ミイデラゴミムシ　Ⓒ奥山

私も何度もやられているが、「ブー」という音とともに、煙が出て、指にその「おなら」が当たると、一瞬、熱さを感じ、強力な臭いと茶色いしみを残す。しみは軽いやけどのようなもので、のちに皮がむけることさえある。ヒトに対してもそれほど強力なので、間違えて捕食しようとしたカエルなどは相当痛い目にあうだろう。

その「おなら」はどのようにして発生するのだろうか。当然、百度もの気体を体内に保持したら、虫自体がその温度で死んでしまう。

実は、ミイデラゴミムシの腹部には、ヒドロキノンと過酸化水素という二つの化学物質を貯蔵する袋がある。危険を感じると、両者を腹部先端の小さな部屋に流し込み、そこで酵素が反応し、爆発するのである。[86]

その反応の際にはベンゾキノンと水が合成されるが、強力な臭いはそのベンゾキノンの臭いである。

ミイデラゴミムシはそのような複雑な化学合成を一瞬で、しかも何回も連続で行うことができる。ミイデラゴミムシには悪いが、背中を押すと「ブー、ブー」と何度もおならをするので、ついつい遊んでしまう（やがて出なくなる）。

たいていの昆虫は小さな体で大きなことをするものだが、とくにミイデラゴミムシのように小さな体でこのような巨大な爆発を何度も引き起こすというのは、なにかヒトの役に立つものを開発できる可能性を感じずにはいられない。

漁火

その点ではホタルの明るい光も同じである。小さな虫がどのようにしてあのような明るい光を放つのであろうか。

実はまだわかっていないことばかりだが、基本的には体内にあるルシフェリンと総称される物質とルシフェラーゼという酵素が化学反応を起こし、そのとき生じた化学エネルギーを光エネルギーに変えて、発光する。そして、そのエネルギー効率はきわめて高い[87][88][89]。

ほかにも発光する昆虫はいくつかおり、その代表はオーストラリアやニュージーランドに生息するヒカリキノコバエというハエの幼虫や、南米に住むヒカリコメツキという甲虫のなかまである。

前に述べたように、ホタルは主に配偶行動に光を用いるが、電灯に虫が集まるように、かなりの昆虫には走光性といって、光に誘引される性質があることから、これらの昆虫は主に捕食に光を利用する。つまりは漁火《いさりび》である。

ヒカリキノコバエの場合、洞窟の天井や崖から粘液のついた糸を垂らし、光で誘引した小昆虫をからめ捕り、それを捕食する[90]。日本にも同じツノキノコバエ科のハエがおり、その幼虫も光るというが、その光を何に利用しているのかはわかっていない[91]。

ヒカリコメツキの幼虫については、一部の種で生態がわかっている。シロアリの塚に幼虫が棲む種では、幼虫は塚から頭を出して、光におびき寄せられたシロアリの羽アリなどを捕食するという[92]。

写真46　ヒカリコメツキの一種 *Pyrophorus* sp.（ペルー）　©小松

ちなみに成虫（写真46）も光を放ち、その光はホタルよりもずっと強力である。南米では、足の親指にヒカリコメツキを結びつけ、夜の密林を歩く人もいるという。

ただしヒカリコメツキの場合、どうして成虫が光るのかは不明である。そもそも成虫がどのように繁殖行動をとるのかがわかっていない。あるいは一部のホタルのように、警告色の意味もあるのかもしれない。

もっとも奇抜な昆虫

生物の形にはたいてい意味があるといったが、その点で疑問視されている昆虫がいる。それはツノゼミのなかま（口絵6ページ目）である。カメムシ目に属する二〜二〇ミリメートル程度の小さな昆虫で、セミとつくが、セミとは同じ目に属するものの遠縁である。

ツノゼミ科には世界に三千種程度が知られるが、その形の多様性は異常なほどで、一つの科としては随一のものである。とくに南米のものがずばぬけている。なかには恐ろしく奇抜なものがいて、それが「この形態に意味があるのか」という疑問を生んだ。

ツノゼミの「角」はすべて「前胸背板《ぜんきょうはいばん》」という部分の突起である。その形の変異が種によってきわめて著しい[93]。

たとえば、ヨツコブツノゼミでは、上のほうに一本の突起が伸びて、その先が昔のテレビのアンテナのように複雑に枝分かれしている。ミカヅキツノゼミは上方と後方に伸びたものが湾曲し、全体に円を描くような形をしている。キオビエボシツノゼミは、半円で左右に薄い体で、角の部分におかしな模様がある。また、ハチマガイツノゼミは、角が変形してハチの胴体の形を作っており、遠目にはハチにしか見えない。

ハチマガイツノゼミはハチに擬態しているという点で、角の目的は明らかだが、ほかのものについては、どのような意味があるのだろうか。

感覚器としての意味を持つという意見もあったが[94]、それではふつうの昆虫に共通するもので、それだけでは極端に奇抜な形の意味を説明できない。また、「定行進化」といって、ほとんど意味がないまま際限なく進化が進んでしまう現象であると解釈されたこともあるが、それはあまりに突飛であり、現代科学では否定的な考え方である。[95] 推測の域を出ないが、すでに一部の種でいわれているように、私はそれぞれの形態になにかしらの機能があると信じている。

私が南米の生息地の環境で観察し、採集した経験から、まず鳥などが食べたときに喉に引っかかりやすい、口に入れて痛いなどの捕食者に対する効果、また、熱帯にはとにかくアリが多く、その形も多様なので、アリを嫌う捕食者に対して、アリに似せる効果で、たいていの種について説明できると思っている。

実際、一部のトゲのあるツノゼミにおいて、トカゲが飲み込めないという観察例がある。[96] また、ミカヅキツノゼミは干からびた枯れ葉に似せており、ほかにも植物に似せている種は多い。キオビエボシツノゼミは毒を持っていることを目立たせる旗のような役目を持っているのではないかと思っている。

なかにはウツセミツノゼミのように昆虫の脱皮殻に似ているものや、カビツノゼミのようにカビの生えた虫の死体に似ているものもいる。

さらに、ヘルメットツノゼミのように、角がはずれやすくなっており、トカゲのしっぽ切りのような機能を持つものまでいる。[97]

前胸背板の秘密

もちろん、何らかの機能があるとはいえ、南米のツノゼミばかりがこれだけ形態的に多様な理由は説明できない。そのような形態が「必要」なのであれば、ほかの昆虫で（そして別の地域で）似たような多様化を遂げるものがいてもよいからである。

生物には「収斂《しゅうれん》進化」という現象が頻繁に生じている。簡単に言えば、二つ以上の地域において、それぞれの環境に応じて似たような姿の生物が進化するという意味である。

たとえば、オーストラリアは古い時代に大陸として孤立し、そこには有袋類《ゆうたいるい》という一つの古い系統の哺乳類が取り残されるように生息している。

オーストラリアが孤立した後、大型から小型の肉食獣や草食獣など、さまざまな哺乳類（フクロオオカミ、フクロモモンガ、フクロアリクイ、フクロモグラなど）が進化したが、同時にそれ以外の地域（アフリカ、ユーラシア、南北アメリカ）に生息する有胎盤類という一つの系統で、似たような姿と生態をもつ哺乳類（オオカミ、モモンガ、アリクイ、モグラなど）が、独自に多様化を遂げている。

これは、オーストラリアと他の地域で草原や森林など共通する自然環境があり、それぞれにおいて哺乳類が似たように多様化していった結果である。

このようなことを収斂進化と呼ぶが、南米のツノゼミとほかの昆虫（あるいはほかの地域のツノゼミ）で収斂進化が生じなかったのは、不思議である。考えようによっては、自然環境において、奇抜なツノゼミの多様化が生じる必然性がないということである。

進化というのは、突然変異とその自然選択の気の遠くなるような繰り返しで起きているものだが、ツノゼミについては、前胸背板の形に特別に突然変異が起きやすい遺伝的な基盤があるのではないかと私は思っている。

生物の多様化の創設機構の解明は、生物学における重要な課題の一つであるが、ツノゼミを材料とすれば、なにか面白いことがわかるかもしれない。

旅をする

大航海

陸上生態系で多様性をきわめている昆虫だが、海に進出したものはごくわずかである。とくに、海中の生活に適応した昆虫は非常に少ない。

海に進出した昆虫のなかで、沖合の海面環境に進出し、世界の海に生息している昆虫がいる。カメムシ目のアメンボ科に含まれるウミアメンボ属のなかま（写真47）である。川や水たまりに浮いているアメンボが海に特化したものである。

ウミアメンボの大部分は沿岸性で、岸近くに生息するが、一部の種は遠洋性で、大海原を生活の場としている。海面とはいかにも昆虫にとって厳しい環境であるが、ウミアメンボは海に対するいくつかの適応を遂げた。

写真47　ウミアメンボ（脚は非常に長い）　Ⓒ小松

たとえば、産卵は流木などの漂流物に行うこと。そして、暴風雨で海が荒れても、体表に細かな毛が生えているためそれに空気をため込み、海中でもしばらく呼吸ができること。さらに、遮るもののない環境で有害な紫外線から体を守るため、体表に紫外線を吸収する構造を持っていること、などである[98][99]。

沖合に棲んでいるウミアメンボを見る機会は少ないが、日本では冬に強い風が吹くと海岸に多数のウミアメンボが打ち上げられることがある。しかしアメンボは陸上の環境にはまったく耐えられず、歩くこともままならない。低温の影響もあってか、すぐに死んでしまうことが多い。

大海原に出る特殊な能力を持つのに、ひとたび陸にあがると無力な存在になってしまうとは、なんとも儚《はかな》いことである。

空の旅

日本にも生息するアサギマダラ（写真48）は、秋になると日本本土から南西諸島や台湾へ移動する。さらに初夏から夏にかけて、逆に北上することもある。ときに数千キロメートルの移動を行うことがあるというが、この行動の意味については十分にわかっていない。
アサギマダラと同じタテハチョウ科のマダラチョウ亜科に属するオオカバマダラは、カリフォルニアやメキシコで越冬し、春になると北米で世代を繰り返しながら北上する。そして秋になると、北米で増えたものが、一気に南下し、再び同じ場所で越冬する。[100]
そのメキシコの越冬地では狭い範囲に集中し、木の枝がしなるほど鈴なりになるという。
この大移動の意味は、幼虫の餌を食べつくさないためであると考えられているが、これもいまだにはっきりしない。

生物の移動といえば、鳥類の渡りであるが、渡り鳥の場合は一つの個体が長距離移動を行うのに対し、これらのチョウでは世代を繰り返しながら北上し、最後の世代が南下して越冬する。世代を超えた渡りであり、一個体が行う鳥の渡りとは内容が異なる。

日本のほかのチョウでは、セセリチョウ科のイチモンジセセリが長距離移動をすることがわかっているが、どのように移動するかなど、詳しいことはわかっていない[101][102]。

ほかにも長距離移動をするチョウやガ、トンボは知られているが、多くは分布を広げるための放散と考えられている。とくに気候の変化はその助けとなり、日本国内でも、温暖化によってさまざまな昆虫が北上していることが確認されている。

また、台風によりフィリピンなどから偶然運ばれてしまう「迷蝶」や「迷蛾」と呼ばれるものも、毎年多数記録されている。

あとで紹介するが、イネの大害虫と

写真48　アザミから吸蜜するアサギマダラ　Ⓒ小松

写真49　ヒメトビウンカ　Ⓒ長島

して知られているカメムシ目ウンカ科のウンカ類（写真49）は、毎年、ジェット気流に乗ってベトナムや中国から日本に飛来する。[103][104]

私はタイとミャンマーの国境で、多数のウンカが移動している様子を見たことがあるが、ただ風に乗っているのではなく、自発的に移動を行っているようだった。

そのほか、ミノガ科の幼虫であるミノムシは、蓑《みの》を作る前に糸を出して、それに風をうけて飛ぶことがわかっている。タンポポの種子が綿毛で飛ぶのと同じ要領である。

ウミアメンボもそうだが、小さな虫が広い世界に旅立つところを想像すると、われわれが宇宙に夢をはせるように、なんとも雄大なことのように感じられる。

時間の旅

ユスリカ科というカのなかまがいる。カといっても血を吸うものではなく、ヒトには害はない。幼虫は「アカムシ」と呼ばれ、魚の餌になることでも知られる。

そのなかに、アフリカの乾燥地帯に生息するネムリユスリカという種がいる。この虫がとんでもない能力を持っているのだ。

その幼虫は、乾季になって生息地の水たまりが乾くと、水分三パーセントの乾燥した状態で無代謝のまま休眠を行うことができるのである。そして、水を与えると復活する。人工の環境下ではあるが、一七年間ずっと乾燥状態だったものを水に戻し、再び動き出したことが確認された。[105] まさに時間を旅する昆虫である。

また強い耐性を持ち、摂氏百三度に一分、摂氏零下二百七十度に五分、そのほか、無水エタノールや放射線にも耐えることができるという。[106]

どうしてこのようなことができるかというと、水に代わってトレハロースという糖を体内に蓄積し、生体成分を保護することができるからである。水たまりが乾いて、だんだんと環境が厳しくなると、体にトレハロースが蓄積されていく。[107]

最近では宇宙ステーションに乾燥した幼虫が運ばれ、そこで復活させる実験が行われたという。ネムリユスリカは宇宙を旅した昆虫でもあるのだ。

家に棲む

住居と衣服

ヒトは体毛の大部分を失った代わりに、洞窟に住んだり、服を着たりしてさまざまな気候と地域に適応してきた。今では住居と服は人間の生命を支える「体の一部」となっている。

これを人間固有の現象であるといいたいところだが、実は昆虫にも家や服を持つものは少なくない。

われわれになじみ深い昆虫であるミノムシは、枯れ枝や落ち葉でできた巣に棲む(写真50)。その嚢は住居であり服でもある。

写真50　キタクロミノガの嚢とそこから羽化する雄成虫　©小松

ほかにも、トビケラというトビケラ目の水生昆虫の幼虫も、小石や小枝でできた巣を作る。ハムシ科甲虫のなかまの幼虫には、自分の糞で入れ物を作り、ヤドカリのようにそれを背負うものもいる。

こういった住居は、やわらかい体を天敵や物理的な衝撃から守る一つの手段であったり、外敵から自分の姿を見えないようにする手段なのであろう。

これらの幼虫はヒトと同じように体毛が少ないが、ミノムシの場合、その祖先はもともと

写真51　アカタテハの幼虫がカラムシの葉で綴った巣（左）とその中の幼虫（右）

隙間環境に生息しており、そこで糸を綴《つづ》って巣を作っていたものが、移動可能な蓑に変化したものと考えられる。体毛の減少と蓑の進化は同時並行で進んでいったのだろう。

そのほか、タテハチョウ科のチョウやハマキガ科のガの幼虫には、葉を綴って巣を作り、昼間はそこにひそみ、夜間に外に出て葉を食べたり、内部から身を乗り出して食べたりするものが少なくない（写真51）。

オトシブミ科の甲虫では、雌が葉に卵を産んで、葉を巻いてその卵を丁寧に包む。孵化した幼虫はその葉を食べて育つ。この葉を巻いたものを「揺籃《ようらん》」といい、ゆりかごを意味する。ちなみにオトシブミとは「落とし文」のことで、巻いた葉を手紙に見立てた名前である。

いずれも、いわば自分の家を食べるわけである。

ところで、昆虫の毛といえば、同じくガの幼虫であるケムシの毛を思い出す人も多いだろう。ケムシの毛は天敵に対する防御に使われると考えられている。

ケムシやイモムシを好むクロカタビロオサムシ（写真52）というオサムシ科の甲虫を使った実験では、非常に毛深いクワゴマダラヒトリというガの幼虫に対しては、オサムシの大顎が幼虫本体になかなか届かず、すぐには捕食できない。しかし、その毛を刈ると、簡単に捕食されてしまうという結果が出ている。[108]

写真52　クワゴマダラヒトリの幼虫にかぶりついたクロカタビロオサムシ　©杉浦

まちぶせ

「蟻地獄」と呼ばれる巣をつくるウスバカゲロウの幼虫（写真53）やアナアブというハエの幼虫は、砂地にすり鉢状の穴を掘り、そこに落ちたほかの小さな昆虫を捕食する。昆虫が落ちそうになると、穴の底から砂を飛ばし、さらに下に落ちるように仕向ける。

また、ハンミョウというオサムシ科甲虫の幼虫（写真54）は、地面にまっすぐな巣穴を掘

写真53　ウスバカゲロウの幼虫の巣「蟻地獄」（左）とその主である幼虫（右）　©林

り、円盤状の頭で入り口をふさぐ。頭には長い毛の感覚器がついており、そこに獲物が触れると、瞬時に頭を出して、それを捕まえ、巣穴にひきずり込む。

　このように巣穴にちょうどいい獲物が落ちたり近づいたりする確率は低いので、巣穴で待ち伏せする昆虫の幼虫は飢餓に強いのがふつうである。アリジゴクなどは、数か月の飢餓にも耐えることができるという。

　また、アリジゴクで面白いのは、幼虫の期間に糞をほとんどしないという生態である。消化管のなかに糞をためておいて、飢餓の際の栄養にする非常食という意味でもあるのだろうか。蛹になり、成虫になったときに、大きな糞をひねり出して空へ飛び立つ[109]。

写真54　坑道にいるルイスハンミョウの幼虫（左）とその成虫（右）

糞のゆりかご

自然のなかにある哺乳類の糞も一部の昆虫にとっては大事な食料となる。とくに有名なのが、日本には生息していないが、「スカラベ」や「フンコロガシ」として知られるタマオシコガネ（写真55）というコガネムシ科のなかまである。

タマオシコガネは草食哺乳類の糞塊の匂いを遠くから嗅ぎ取り、そこに飛来して、球状の糞玉を作って遠くに運ぶ。その糞玉を運んでいる様子から、古代エジプトでは、太陽神ケプリと重ね合わせられ、聖なる甲虫として崇拝された[110]。

糞玉を転がすのはタマオシコガネの雄で、雄は糞玉の上で雌と出合い、それを共同で地下に埋め、そこに部屋を作る。地下に埋めた糞は表面をきれいに塗り固められ、洋梨型に成型されて、卵を産みつけられる。

写真55　ヒジリタマオシコガネ *Scarabaeus sacer*（左；北朝鮮）、糞の下に穴を掘り、糞玉を作って産卵するダイコクコガネの一種 *Copris* sp.（右上；インド）、糞の下に坑道を掘って糞を詰め込んで産卵するエンマコガネの一種 *Proagoderus nubra*（右下；カメルーン）

いわば糞でできた「ゆりかご」である。

孵化した幼虫はその糞を食べてゆっくりと成長する。不思議なのは、糞というのは消化の過程で養分が吸収されたあとの滓《かす》であり、明らかに栄養が少ないのに餌になることである。

しかも、蛹は糞玉のなかに作られるのだが、蛹の入っている空間、つまり幼虫が食べた糞の量と、蛹の大きさにはわずかな違いしかない。つまり、幼虫の食べた糞のかなりの量が体を形成する蛋白質《たんぱくしつ》に変化していることになる。

実は、幼虫の腸内にはさまざまな微生物がおり、それが糞を分解し、別の栄養分に変化させているのである。その腸内微生物は親から子へと産卵時に受け継がれることもわかっている。[111]

糞を食べるコガネムシはほかにもたくさんおり、「糞虫《ふんちゅう》」と総称される。種によって繁殖の方法は異なり、糞に潜ってそのまま産卵するものもあれば、糞の真下に坑道を掘り、そこで糞玉を作って産卵するもの、坑道にソーセージのように糞を詰め込んで産卵するものもいる（写真55）。

また、糞の好みもいろいろで、草食性動物の糞を好むものや、肉食性動物の糞を好むもの、さらにそもそも糞は食べずに動物の死体を好んで食べるものや、前に述べたヤスデを襲って食べるコガネムシのように「糞虫をやめてしまった糞虫」もいる。

糞を食べる虫は自然界における重要な清掃者でもある。もしこれらがいなかったら、森や草原は哺乳類の糞だらけになってしまっているに違いない。

実際、オーストラリアに家畜が持ち込まれたとき、オーストラリアにはヒツジやウシなどの糞に対応できる糞虫がおらず、糞がそのまま残り、数々の問題を引き起こした。結局、あちこちの国から糞虫が導入され、その問題は解決されたのである。[112][113]

紙の家

先に紹介した狩りバチの幼虫についても、母親の作った巣で生活するし、さらに高等で社会性を獲得したスズメバチやミツバチ、アリも、巣を作って閉鎖的な環境のなかで安全に暮らしている。

これらのハチは、もともとほかの昆虫を体内から食べて暮らす寄生蜂から進化した。いわば寄生虫である幼虫には体毛は不要であり、しだいに体毛が減少し、脚も完全に失った。

生物の進化には二度と戻れない方向の進化もあり、失われた身体的な特徴はほとんど取り戻せない。寄生性でなくなったあともそれらの体毛や脚が戻ることはなく、そのために母親は外敵や気候の変化から幼虫を守る巣を作る必要があり、その後そういった営巣《えいそう》習性が大規模な巣を共同で作る社会性の発達につながったのだろう。

大規模な巣といえば、スズメバチやアシナガバチ、ミツバチのなかまの巣があげられる。幼虫の入る「巣房《すぼう》」という小部屋の入り口は六角形で、それが規則的にならび、なかで育つ丸々とした幼虫にとって棲み心地のよい環境となっている（写真56）。

三角形や四角形になると角の部分が効率的に利用できずに無駄になるし、五角形や七角形以上だと規則的な配置が難しい。その点で、六角形がもっとも合理的な形なのである。

しかも、スズメバチやアシナガバチの巣房は和紙そっくりの材質で軽く、とても丈夫にできている。実際、植物の繊維を噛み砕いて、それを唾液でつなぎ合わせて作ったものであり、ヒトの作る紙そのものといっても間違いではない。アシナガバチを「ペーパーワスプ（紙蜂）」と呼ぶが、それは巣の特徴を示した呼び名である。

さらにスズメバチの場合、木の上に巣を作る種では、層状にならんだ巣房の全体を雨風から守る外皮で覆う。幼虫にとって二重の壁に覆われた快適な巣を作るわけである。

写真56　チビアシナガバチ *Ropalidia* sp. とその巣（マレーシア）

ミツバチの巣房は、幼虫を育てるほか、蜜をためるために用いられている。彼らは紙ではなく、蜜蝋《みつろう》と呼ばれる体から分泌する蝋状の物質で巣を作る。

空調の効いた自然の建造物

昆虫の家を語るうえで忘れてはならないのは、一般に「蟻塚《ありづか》」として知られるシロアリの巣（写真57）であろう。とくにアフリカやオーストラリアに生息するシロアリには、高さ数

メートルを超える塚を作るものが少なくない。[114][115]
シロアリは世界に三千種以上が知られるが、いろいろな系統で巨大な塚を作るものが進化している。それらのシロアリが生息するのはきまって乾燥地で、塚にはそうした環境への工夫がなされている。

写真57　オオキノコシロアリの一種 *Macrotermes carbonarius* の塚（矢印）（マレーシア）　©小松

具体的には、その空調機構の完備である。分厚い土の壁の内側には、大小の坑道が血管のように張りめぐらされ、ところどころに煙突のように穴があいている。その構造による塚の保温と放熱が巣内の気温を安定させ、夜は寒く、昼間は灼熱の乾燥地帯での生活を支えているのである。[116]
巣は土とシロアリの唾液で作られている。小さなシロアリの家族が共同して、長い年月をかけて作るようだ。シロアリはあとで述べるように社会性昆虫で、女王が産出した働きアリが巣の整備と育児を行う。
シロアリの女王は昆虫としては驚異的な長命で、一説には三十年近く生きることもあるという。女王の寿命はすな

わち巣の寿命であり、そのことも巨大な巣の建設を可能にしているのだろう。[117][118]

ちなみに、シロアリはゴキブリのなかまである。ゴキブリの進化のなかで、朽ち木を食べるものからシロアリが進化したと考えられている。だからハチのなかまであるアリとはまったくの遠縁で、シロアリの塚を見て「蟻塚」と呼ぶのは生物学的には間違いである。

本物の蟻塚

北半球の寒い地方には、ヤマアリというアリのなかまが作った（シロアリでなくアリが作るという点で）「本物の蟻塚」（写真58）がある。日本でも、本州の山岳地帯や北海道には、小規模ながらそういった塚が見られる。

その塚は主に針葉樹の葉を拾い集めて積み重ねられた小山状のもので、ヨーロッパ産種の作る巨大な塚では、高さ・直径ともに数メートルに達する。

内部はとても暖かく、活動期には外気が摂氏二十度以下でも、摂氏三十度近くに保たれている。ヤマアリは寒冷地を好むが、子育てに高い温度が必要で、塚が自分たちにとって快適な環境をつくり出している。[119]

どうしてそのような温度が保たれているのかは不明だが、晴れた日の塚の表面はとても温かく、太陽光の熱を効率的に吸収することができるというのと、内部は非常に高密度でアリが生活しており、身を寄せ合って温度を高めている可能性がある。枯れた植物を集めた塚の内部では、発酵熱が生じることもあるのかもしれない。

なお、ヤマアリは肉食性で、害虫も食べる。そのため森林害虫の駆除や個体数調整に、ヨーロッパでは非常に重要視されており、地域によっては厳重に保護されている[120][121][122]。

温暖化の影響だろうか、日本では塚を作るヤマアリが各地で絶滅し、今や風前の灯《ともしび》となっている。おそらく森林生態系にも大きな影響を与えているが、残念ながらまだ誰もその現状について研究していない。

写真58　ヤマアリの一種 *Formica pratensis* の塚（矢印）と私（スロバキア）

第3章

社会生活

社会生活を営む昆虫

人間社会の縮図

昆虫のなかには社会生活を送るものがいる。よく知られているのは、蜂蜜の生産のために飼育されるミツバチや、毎年秋に人が刺されて問題になるスズメバチだろう。このほかにも、実はハチのなかまであるアリ、さらに前述のシロアリ、アブラムシ、そしてアザミウマ目の昆虫に社会性があることが知られている。

そこには人間社会を徹底的に原理化したような様子、いわば縮図を見ることができる。

そもそも人間以外の生物における社会性とはなんだろうか。漠然と考えると、たくさんの個体が一緒に暮らしていることと想像するかもしれない。それも重要な点だが、一番大切なのは、「階級（カースト）」があることである。

たとえばミツバチやスズメバチの場合、卵を産む女王バチがいて、その下に、働くことに専念し、産卵しない働きバチがいる。

このように、卵を産む階級（通常は女王）と卵を産まずに働く階級がともに生活していることを、とくに「真社会性」という。

これらは通常、血縁関係があり、その点ではまさに「家族」であり、他人どうしの関係である人間の社会とは根本的に構造や意味が異なる。しかし先に述べたように、それらの行動や生活、種間関係は、どうしても人間社会と対比して考えざるをえないほどきわめて「社会的」なのである。

また、社会性昆虫は、社会性を背景としたその高等な生活様式が関係してか、地球上で大きく繁栄しているという特徴がある。最初に述べたように、熱帯雨林では、すべてのアリの生物量だけで脊椎動物のそれを大きく凌駕する。

アリには植物食のものが多いが、[1] 生物量から見たその優位性やほかの生物を追い払う排他性から考えると、実は熱帯雨林における生態系の頂点には、ヒョウなどの大型肉食獣の陰に、多くの種をひとまとめにしたアリが君臨しているともいえる。

一方、同じく生物量の大きなシロアリは、木材を中心とした植物遺体の分解者として有力な働きを示す。もし熱帯にシロアリがいなかったら、ほかの昆虫や小動物、菌類が分解しきれなかった倒木や落ち葉で、森はわずかな年月で埋まってしまい、同時に多くの植物が死滅してしまうだろう。

子育て

亜社会性という言葉もある。亜社会性はさまざまな昆虫に見られ、真社会性のような階級はないが、親が子供のために卵を守ったり、餌の供給を行ったりする。

とくに有名なのはモンシデムシ属の甲虫である。シデムシは「埋葬虫」とも呼ばれ、音をあてると「死出虫」となる。その名のとおり、動物の死体を専門に食べる変わった習性を持つ[2]。

ネズミなどの小動物の死体があると、成虫はその腐敗臭に惹かれて飛来し、雌雄協働で地面の下に埋める。死体の下の土をかき出すことを繰り返し、それによって、死体が土のなかに隠れていく。

動物の死体は実は栄養に富んだ餌源で、ハエの幼虫(ウジ)や別の甲虫など、競争者が多く、とくにハエが卵を産むと、あっという間にウジが死体を食いつくしてしまう。死体を埋めるのは、そういう競争者から死体を隠すためである。

地面に死体を埋めると、こんどはそれをきれいな球形の肉団子に加工する。そして表面にハエの卵があれば、念を入れて取り除き、カビが生えないように管理する。

モンシデムシはその団子の上に卵を産み、生まれた幼虫にそれをかじって口移しで給餌す

るのである。まるで親鳥が雛に餌を与えるように。[3][4][5][6][7]

ツチカメムシ科のベニツチカメムシ（写真59）は、ボロボロノキという木の実を専門に食べる珍しいカメムシである。この種は地面で子育てをするが、その場所から落ちている実を探しに出かけ、見つけるとその実を抱えて巣に戻る。口移しに餌を与えるわけではないが、このようにして定期的に子供の餌を補給する。[8][9]

ベニツチカメムシは日本の照葉樹林に生息するが、日本ではほかにも子供に給餌を行うツチカメムシのなかまが生息する。[10][11][12]

写真59　ベニツチカメムシ　©長島

写真60　孵化した子供を守るヒメツノカメムシの雌　©小松

ほかにも、自分の産んだ卵と幼虫を守るツノカメムシ科の種[13][14]（写真60）や卵を背中に背負うコオイムシ（写真61）というコオイムシ科の水生カメムシ、石の下で抱卵するハサミムシ目のなかま、[15]そして後述する、子供に餌となる菌類を与えるキクイムシ科の甲虫（真社会性の種も存在する）など、さまざまな段階や形態で、亜社会性は観察される。

社会性昆虫の子育てもそうだが、モンシデムシやツチカメムシのなかまの行動を見ると、いかにも甲斐甲斐しく世話を焼いているようで、われわれはついつい「愛情」や「親子愛」などという言葉を使ってしまいがちである。

写真61　卵を背負うコオイムシの雄　©長島

そうとらえるのも一つの見方かもしれない。しかしそれは生き物の個性あふれた本質を見過ごしてしまっている表現である。

つまり動物の子育ては、一見そのように見えても、自分の遺伝子を効率よく残す一生活様式にすぎない。「愛」でひとくくりにされてしまいがちなさまざまな行動には、それぞれ何らかの生物学的な意味があるのである。少々冷たい言い方かもしれないが、それはヒトの「愛」をとってみても、実は同じようなものである。

狩猟採集のくらし

組織的な狩り

あらゆる生物において食べ物を摂るためのもっともありふれた方法は、すでにほかの昆虫を例にあげて述べたように、周囲にあるものを捕まえたり、収穫して食べたりすることである。社会性昆虫においても、ほとんどの種において、この方式があてはまる。

しかし、彼らは社会性昆虫の特性を活かし、組織立って狩猟や採集を行うことがある。狩猟という点では、その代表はグンタイアリのなかまである。その昔、映画『黒い絨毯』で描かれたように、人をも襲うと噂される恐ろしいアリである。

グンタイアリは、南米に生息するグンタイアリ亜科（亜科とは、科に含まれる一つ下の単位）と、それぞれアフリカと東南アジアの熱帯域を中心に生息するサスライアリ亜科とヒメサスライアリ亜科の三つの分類群のアリの総称である。

これらのアリは、第一に決まった巣を持たない放浪性であること、そして集団で狩りを行うこと、さらに女王アリはその腹部が膨れて特殊な形態になっていることで特徴づけられる。[16][17][18]

写真62　狩ったアリを運ぶトゲヒメサスライアリ *Aenictus dentatus*（マレーシア）　©小松

アリを襲うアリ

ヒメサスライアリ亜科のアリはほかのアリを専門に襲う習性を持っている（写真62）。アリを生態系の頂点の一つと考えるならば、ヒメサスライアリはさらにその頂点に君臨する存在でもある。

ヒメサスライアリの攻撃を受けないアリも一部いるものの、さまざまな種のヒメサスライアリ（東南アジア全体で五十種以上）は種ごとに別のアリを襲い、結果として広範な分類群のアリがヒメサスライアリによって捕食される。

熱帯の森林はさまざまな「微環境」で構成される。微環境とは、ごく狭く小さい特別な環境のことである。たとえばアリの生息場所でいうと、落ち枝や腐った木の実の中、木の洞《うろ》、樹上、そして地下などがあげられる。その微環境ごとに別の種のアリが生息し、それぞれの微環境で生態的に重要な役割を担っている。

たとえばマレーシアの熱帯雨林に行くと、わずか数百メートル四方に五百種近いアリが見つかることがある。日本は北海道から沖縄までで三百種弱のみが生息していることを考えると、これだけでそれらを擁する環境の多様性を想像することができるだろう。

ヒメサスライアリは、各巣の生息域の範囲で、そこに棲む自分たち好みのアリを狩り、一掃してしまう。

盲目で、小さなアリ（大きくても五ミリメートルほど）だが、数千から数万の働きアリ（軍隊）を持ち、その狩りの様子はすさまじい。集団で相手の巣になだれ込み、抵抗するアリを毒針で刺して殺す。幼虫や蛹を持ち去って、自分たち自身と幼虫の餌とする。[19][20][21]

ヒメサスライアリが生息する地域のアリは、本能的に彼らの恐ろしさをよく知っているようで、ヒメサスライアリが来ると大急ぎで幼虫をくわえて巣から飛び出し、逃げまどう。しかし、生き残るのは運の良い巣だけで、彼らに狙われた大部分の巣は殲滅《せんめつ》されてしまう。

野外でその残酷な狩りの様子を観察していると、まるで野武士に略奪される集落を見るようである。

しかし、ヒメサスライアリはただの野武士ではない。彼らが去り、アリがいなくなった場所には、新しい別のアリが営巣できるようになる。これにより、生態的に強いわずかな種のアリが一定の場所を占拠することが抑えられ、結果として熱帯におけるアリの多様性が維持されると考えられている。[22]

写真63　サスライアリの一種 *Dorylus* sp. の行列（カメルーン）

黒い絨毯

私がアフリカのカメルーンで、世界最古の熱帯雨林といわれるコラップ国立公園に行ったときのことである。

ある日、森のなかを歩いていると、周囲にただならぬざわめきを感じた。ふと目の前の巨木を見ると、その表面から下の地面にいたるまで、アリの集団でまさに真っ黒に覆われていた。サスライアリ亜科のサスライアリ（写真63）の一種の絨毯攻撃である。

ふつうのアリは一直線に行列を作って、餌をとりに出かける。しかし、このサスライアリや次に話すグンタイアリのなかまは、効率的な狩猟方法として、行列の先端を扇のように広げ、この絨毯攻撃を行う。[23][24]

ヒトが戦争でこの方法を用いるのは、決まって敵国の町を襲撃し、逃げ場を失った相手を無差別に殲滅するときである。この攻撃を行うアリも、相手を選ばず何でも襲い、多くの餌となる動物の逃げ場を失わせるという意味で同じような攻撃になっているといえる。

木の上は阿《あ》鼻《び》叫喚《きょうかん》の巷《ちまた》と化しており、逃げようとするキリギリスなどの昆虫に加えカエルやトカゲが上から降ってくる。落ちた先がアリの絨毯の上であれば万事休す、あっという間に多数のアリに取りつかれ、ばらばらに分解されてしまっていた。

サスライアリは、強力な毒針を持つものはほとんどいないが、大顎（キバ）が湾曲して針のように鋭く、しかも咬《か》む力が強いので、ヒトでさえ怒ったアリに咬まれるとあっという間に血まみれになってしまう。このときも、同行した現地の案内人は、サンダル履きの足を多数のアリに咬みつかれ、足全体が血に染まっていた。

幸い、一匹一匹は小さなアリで、ヒトより早く移動するわけではないので、ヒトが咬みつかれても逃げることはできる。だから映画のようにヒトが次々に襲われるようなことは現実にはないが、通りがかったヘビがあっという間に骨になった話もあり、赤ん坊や動けない病人が襲われたらひとたまりもないだろう。

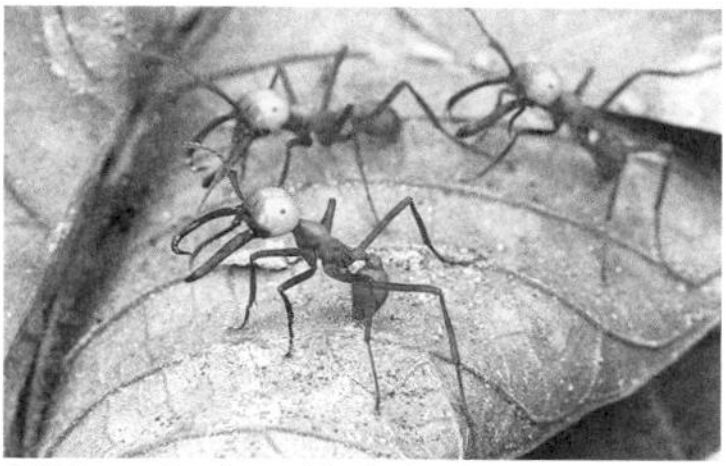

写真64　バーチェルグンタイアリ *Eciton burchelii* の兵隊アリ（ペルー）　Ⓒ小松

火事場泥棒たち

北米の南部から南米一帯には、グンタイアリ亜科のなかまが数多く生息している。そのなかでもグンタイアリ属の一員であるバ

写真65　バーチェルグンタイアリの追いだしたゴキブリに産卵しようとするヤドリバエ科の一種 *Calodexia* sp.（ペルー）　©小松

ーチェルグンタイアリ（写真64）は、サスライアリのように絨毯攻撃を行う。[24]

　グンタイアリの獲物は昆虫やクモなどに限られる。実は映画『黒い絨毯』に登場するのはこのアリで、一センチメートルほどの兵隊アリは巨大な大顎を持ち、一見恐ろしい姿をしているが咬まれてもそれほど痛くはなく、サスライアリに比べると大した威力ではない。

　このアリは郊外の畑地などにも見られ、現地の人にとっては身近なアリである。家がこのアリに包囲されると数時間は退去を余儀なくされるが、ゴキブリなどの害虫を一掃してくれるため、重宝がられるアリでもある。

　また、このアリが絨毯攻撃するとき、決まって現れる昆虫がいる。それはヤドリバエ科のハエの一種（写真65）で、グンタイアリの攻撃を草の上から見つめている。

　ヤドリバエのなかまの多くは、ほかの昆虫に卵を産みつけ、孵化した幼虫（ウジ）はその昆虫を内側から食べて成長する。このヤドリバエは、グンタイアリの襲撃を観察し、そこから逃れたキリギリスやゴキブリをめざとく見つけ、それに産卵するのである。まさに火事場泥棒で、ようやく逃げおおせた虫には悲劇である。[25]

このほかにも、昆虫ではないが、アリドリと総称される鳥（写真66）も、グンタイアリの襲撃を観察し、追い立てられた昆虫を捕食する。[26]

このグンタイアリや、さきほど述べたヒメサスライアリ、そしてサスライアリは共生者が非常に多く、まるでそれらにとっての天国のように思える。アリの体表に寄生するダニや、アリにまぎれて生活する甲虫までさまざまなものがおり、バーチェルグンタイアリにいたっては、数百種の居候が一緒に生活している。[27]働きアリの数が数十万と多いため、餌となる幼虫の資源や餌のおこぼれが多いからであろう。こういったアリの共生者については後述する。

写真66　ノドジロメガネアリドリ *Gymnopithys salvini* の雌（ペルー）　©小松

ごはん党

アリには肉食のものが多いといったが、植物食のものもいるし、次に述べるような菌食のものもいる。

植物食で有名なのは、クロナガアリ属のアリ（写真67）である。日本にも一種が生息しているが、彼らは植物の種子を集めて餌とする。[28] いわば「ごはん党」である。

とくに活発に活動するのは、実りの秋である。すでに肌寒い時期、地面にこぼれた種子をちりぢりになって集め、巣へと持ち帰る。そして冬を越し、春になると、さらにこぼれた種子を拾いに外へ出る。

写真67　大きな種子を運ぶクロナガアリ　©島田

面白いことに、多くの虫が活発に活動する夏前後にはあまり外に出てこない。巣は地下数メートルの深さまで掘り進めてあり、そこで晩秋と早春の短い間に集めた穀物を食べて過ごすのである。[29][30]

さらに面白いのは、地面に持ち込んだ種子が勝手に発芽しないように管理することである。発芽してしまっては、巣のなかが大変なことになるし、栄養の詰まった種子がただの草になってしまう。そこでクロナガアリは、雨水の影響を受けない地下深くに種を貯蔵し、湿度と温度が安定した条件で保管するのである。[31]

ほかにも、いくつかの分類群のアリで種子を主に食べるものがいる。[32] 炭水化物が豊富で貯蔵が可能な食物として、穀物はヒトの主要な食物の一つとなっている。しかし、その栄養と保存性に狙いを定め、主要な食料としたのは、アリのほうがずっと早かったのである。

農業する

写真68　菌園の上にいるオオキノコシロアリの一種 *Macrotermes gilvus* の兵隊アリ（マレーシア）

キノコ栽培

農業はいまやヒトの社会を支えるために必要不可欠な営みであり、第一次産業である。狩猟や採集に依存し、細々とした食料の確保で食いつないでいた生活を、農業は一変させ、安定した食料供給をもたらした。

しかし、ヒトが農業を編み出したのは、たかだかここ一万年程度の話で、ヒトの歴史としてはきわめて古いものだが、生物の歴史としては実はきわめて浅いものである。それより桁違いに古い時代、おそらく八千万年前から昆虫は農業を行ってきているのだ。[33][34]

写真69　切った葉を運ぶハキリアリの一種 *Atta sexdens*（ペルー）　©島田

農業を行う代表的な昆虫は、キノコを育てるキノコシロアリ亜科のシロアリ（写真68）やハキリアリ属のアリ（写真69）である。

キノコシロアリのなかまはアフリカからアジア一帯に生息し、日本にも八重山諸島（西表島と石垣島）に自然分布する。いっぽう、ハキリアリのなかまは中南米に生息する。つまり別の地域で、キノコを育てる社会性の昆虫が独立に進化したということになる。

キノコシロアリは朽ち木や枯れ草を食べ、その糞に菌糸を植えつけ、菌園《きんえん》という畑を作る。キノコシロアリはその菌を食べ、朽ち木などからは得られない蛋白質を得るのである。[35][36]

ハキリアリの場合、植物の葉を切り取り、巣に持ち帰り、そこに菌を植えつける（写真70）。栄養に富んだ菌は主に幼虫の餌となるが、働きアリも食べ、普段食べている植物の汁では補いきれない栄養源となっている。[32][37][38]

ちなみに葉を切り取る様子からハキリアリといい、何万という働きアリが切り取った葉を巣に持ち帰る様子は壮観である。農作物を含む非常に幅広い植物を切り取って利用することから、生息地の中南米では重大な害虫となっている。[39]

最新鋭の栽培技術

これらの方法はヒトのキノコ栽培とも似ている。たとえばわれわれの食べるシイタケは、原木といわれるクヌギやコナラの薪《まき》に、菌糸を植えつけた木の粒を打ち込む。ヒラタケやマイタケは、おがくずに菌糸を植えつける。

写真70　ハキリアリの一種 *Atta sexdens* の若い菌園（ペルー）　Ⓒ島田

ただし、ヒトはどちらの場合も、そこから生える子実体《しじつたい》といわれる部分、植物でいえば花にあたる部分を「きのこ」と称して食べる。

「農業の先輩」であるキノコシロアリやハキリアリが人と違う点は、子実体ではなく、菌糸を食べることで

写真71　虫の糞に菌を植えるムカシキノコアリの一種 *Cyphomyrmex* sp.（ペルー）　©島田

ある。共生関係にある菌類も、食べやすいよう、菌糸の一部を丸玉状にしてアリに提供する。

そして、その栽培方法には驚くべきものがある。

菌園は地下に作られるのだが、土のなかは雑菌にあふれ、単純にそこに菌を植えつけると、あっという間にカビやバクテリアやほかの菌で壊滅状態となってしまう。

ハキリアリの胸部には特別な共生バクテリアが付着しており、それが余計な微生物の成長を抑える抗生物質を分泌している。その抗生物質は共生菌には影響を与えないので、効率的に栽培を行うことができる。[40]

この方法は、虫には申し訳のない、悪いたとえだが、ごく最近開発された悪名高き農法、雑草を枯らす除草剤をばらまき、そこに除草剤に耐性のある遺伝子組み換え作物を栽培する最新鋭の農法と原理的に非常に似通っている。

昆虫はヒトより先に農業を行っていたばかりでなく、もっとも効率的な方法までも先に編み出していたのである。

またハキリアリは、菌の様子をよく観察しており、たとえば持ち帰った植物が菌の成長によくなかった場合、次からその植物を持ち帰らないという。また、菌をよりよい環境で栽培するために、古くなった葉（培地）は外に捨て、こまめに交換を行う[41][42]。

なお、ハキリアリのなかまには多数の種がおり、それぞれ栽培方法が異なる。その名のとおり植物の葉を切って集め、そこに菌を植えるものから、ヤスデの糞を集めて菌を植えるもの（写真71）、枯れ草を集めるものまでいる（写真72）。

写真72　ヒメハキリアリの一種 *Acromyrmex* sp. の初期巣（ペルー）　Ⓒ島田

菌はそれぞれのハキリアリの栽培方法に対応しており、ハキリアリの種によって別の菌が関わっている[43][44]。このように、互いに対応した性質をもって進化することを「共進化」という。まさにハキリアリとキノコは共生関係を続けながら、共進化してきたのである。

一子相伝

アリの場合、巣の規模がある程度大きくなると（働きアリが増えると）、翅を持つ羽アリというものが生まれる。それが外に飛

写真73　菌園の上にいるタイワンシロアリの女王（初期巣）　©島田

び立ち、同時期に飛び立った別の巣の異性と交尾し、雌（新女王）一匹で巣を作り始める。これがアリの（巣の）一般的な増え方である。

ハキリアリの場合、新女王がどのように最初に菌園を作るかというと、自分が生まれた巣の菌園から、菌糸の束を口の付近にある袋に入れ外に飛び立つ。交尾した雌アリは、羽を切り落とし、地面深くに穴を掘る。そして、袋から菌糸を取り出して、自分の糞に植えつけ、菌園の栽培を一から開始するのである。[45]

つまり、自分の親の育てた菌を先祖代々受け継ぐ。まさに「一子相伝の菌」（羽アリはたくさんいるので、正確には一子ではないが）なのである。この習性も、ハキリアリと菌の共進化の重要な背景の一つである。

糞に植えた菌が成長すると、新女王はその近くに卵を産み、孵化した幼虫はその菌を食べて育つ。働きアリが誕生すると、それらが外に出て、葉を切り出すようになる。

キノコシロアリのなかまについてはあまり研究が進んでおらず、きっとハキリアリのように面白い習性を持っていると思われるが、詳しいことはよくわかっていない。日本にもその一種、タイワンシロアリ（写真73）が生息しているので、ぜひ誰かに研究してほしいものだ。

木の坑道に菌を栽培

ハキリアリやキノコシロアリのほかに、一部の種は真社会性と知られている。キクイムシという木材の害虫となる小さな甲虫の一群（写真74）も、菌と共生している。

キクイムシの一部は、木材に穴をあけて坑道を掘り、そこに親（自分の育った坑道）から受け継いだアンブロシア菌と呼ばれる菌の胞子をばらまき、増えた菌類を餌とする。

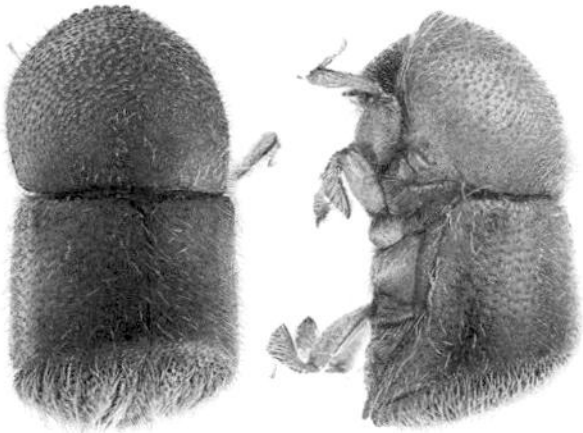

写真74　ヒメハネミジカキクイムシ
Ⓒ有本

菌は木のなかに浸透し、表面に現れる部分には木材の栄養分が凝縮している。菌はキクイムシの餌として特化しているが、それは単なる自己犠牲ではなく、キクイムシに繁殖と生息域の拡大を依存しているのである。

またこれらのキクイムシは亜社会性で、自分の幼虫の棲む坑道に菌の胞子をまき、餌を提供している[46][47]。

キクイムシ以外にも菌を体のなかに保持し、それを新天地で栽培する昆虫は意外に多く、とくに微小な甲虫のなかまに多い。

それらの甲虫は菌嚢《きんのう》と呼ばれる穴を体の一部に持ち、そこに菌を所持して移動することができる。[48]

アリ植物

植物のなかに棲むアリがいる。ただ棲んでいるだけではなく、植物は棲みかを提供する代わりに、アリにほかの昆虫からの食害を防いでもらう。このように、アリと共生する植物を「アリ植物」といい、熱帯地方を中心に世界各地に見られる。

東南アジアでは、トウダイグサ科のオオバギ属の植物がアリ植物として有名で、とくにボルネオ島、マレー半島、スマトラ島で多様化している。大部分はシリアゲアリ属のアリと共生しており、植物の種ごとにある程度決まった種のシリアゲアリと関わりを持つ。[49][50][51]

オオバギの種ごとにアリとの共生の強さが異なるが、基本的には、アリに葉を食べる昆虫から保護してもらい、その代わりに茎のなかにアリの住まいと「栄養体」というアリ専用の餌を提供する。[52][53]

本来はアリと共生するはずの種で、その機会にめぐまれなかったオオバギをしばしば見つける。そのようなものはバッタやイモムシなどのほかの虫に食べられて丸坊主にされてしまっていることが多く、いかにアリによる防御の効果が大きいかがわかる。

アリと共生しないオオバギもあるが、それらは植物体内に強い毒を持っており、その毒によって植物食の昆虫に食べられないようにしている。毒を作るにも栄養投資が必要であり、アリと共生するオオバギの種はその投資を栄養体にまわしているのである。

また、その巣のなかには、カメムシ目のカイガラムシを飼養していることが多い（写真75）。つまりアリは植物の出す栄養体とカイガラムシの「甘露《かんろ》」に囲まれて生活しているわけである[54]。

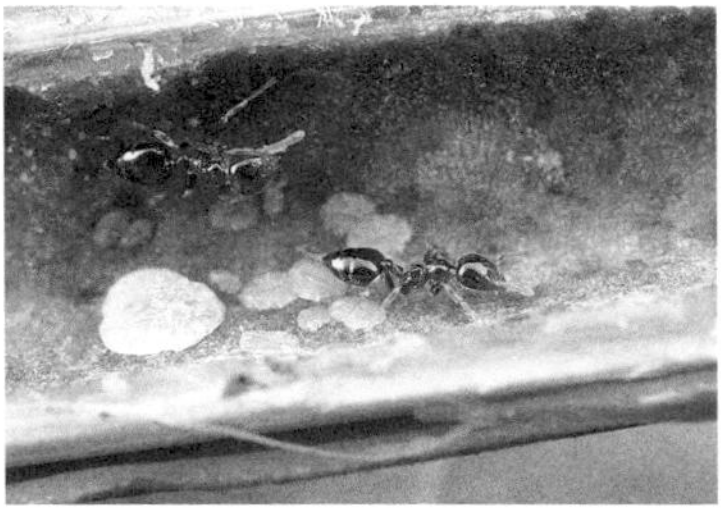
写真75　オオバギの茎のなかのシリアゲアリの一種 *Crematogaster* sp. の巣内とそこに棲むカイガラムシの一種 *Coccus* sp.（マレーシア）©小松

ほかにも、アフリカのサバンナに生えるマメ科のアカシアや南米の熱帯雨林に育つイラクサ科のケクロピアという植物も、アリに栄養体を与えてアリと共生関係を結ぶ（写真76）。アリは安全な家と餌を与えられるめぐまれた身分ではあるが、働かざる者食うべからずで、せっせとほかの昆虫から植物を守っている[55]。

とくにケクロピアに共生するアステカアリは、ケクロピアの周辺に生える植物まで除去し、ケクロピアが育ちやす

写真76　栄養体を運ぶアステカアリの一種 *Azteca* sp.（左）とケクロピア *Cecropia* sp. の葉のつけねに分泌される栄養体（右）（ペルー）　©小松

い環境をつくる。[56]

長屋の住人

アリ植物はシダ植物から種子植物まで、複数回独立に進化しており、これまでに述べた植物以外にもさまざまなものが知られている。

いくつかはアリに住まいを提供するだけで、特定のアリと関係を結ばない、いわばゆるい共生関係を持つものもいる。

東南アジアに分布するアカネ科のアリノトリデというとげに覆われた植物のなかま（写真77）は、茎のなかに入り組んだ迷路状の空洞を持ち、アリにとって絶好の巣環境を提供している。そして、その空洞はアリの出す糞や餌の食べ残しから栄養分を吸収できるようになっている。つまりアリは、住居に肥料を与えて維持と拡大（植物の生長促進）を行っているのである。[57][58]

江戸時代には長屋の住人が肥料になる屎尿《しにょう》を付近の農家に売って、その農家でできた野菜を付近の住人が食べるというように、狭い地域で栄養が循環していた。アリノトリデの場合、アリは警備員というより、長屋の住人のようなものかもしれない。

このような共生形態を持つアリ植物は、荒れ地やマングローブ林など、栄養分の少ない環境に生育し、アリが栄養分補給の担い手となっていることが多い。

写真77　アリノトリデ *Myrmecodia* sp.（フィリピン）　©小松

また、アリの話からははずれるが、南アフリカに自生するバラ目のロリドゥラ属の植物は、葉から強力な粘液を出して虫を捕らえる。

こうした植物は世界各地に見られ、消化酵素を出して付着した虫を栄養源にする場合には、食虫植物と呼ばれる。日本にもモウセンゴケという小さな植物が湿地に見られる。

しかし、ロリドゥラは消化酵素を出さない。代わりに、葉の上にカスミカメムシ科のカメムシの一種が生息し、捕らえられた虫を専門に食べ、その糞が植物の栄養源となっているのである。面白いことに、カメムシは粘着物質にくっつかないように進化している。[59][60]

どちらが育てられている立場なのかはわかりにくいが、「餌を捕獲して提供する植物」と「肥料を与えるカメムシ」というよくできた共生関係である。

牧畜する

アリと乳牛

アブラムシは植物の新芽に集まり、植物の汁を吸って生活する。それによって植物を弱らせたり、植物特有の病気を媒介することもあることから、野菜や園芸植物の害虫とされることもある。

アブラムシの一名を「ありまき」と呼ぶように、アブラムシの集団には、アリが集まっていることが多い（写真78）。

アブラムシは植物の汁（師管液《しかん》）を吸い、そこから必要な養分を吸収するのだが、植物の汁には必要以上の糖分が含まれていて、それをおしっことして排泄する。

そのおしっこは「甘露」と呼ばれており、糖分のほかにもアミノ酸などの栄養分も豊富で、それを求めてアリが集まってくる。アリにとって、アブラムシはいわば甘くて栄養豊富な乳を出す牛のようなものである[61]。

アリはアブラムシの甘露を舐めとって自らの餌にするいっぽう、それら大事な「乳牛」を捕食者（クモやテントウムシ、ハナアブというハエの幼虫）や寄生者（アブラムシに卵を産む小さなハチなど）から守るために保護を行う。

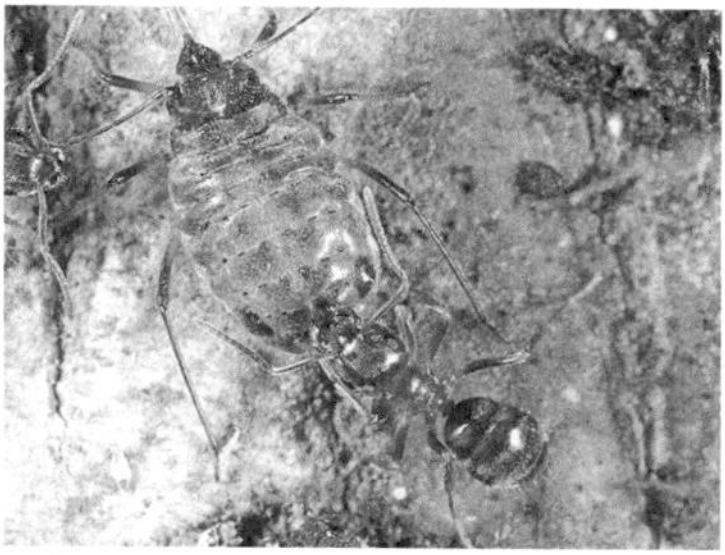
写真78　ヤノクチナガオオアブラムシから蜜をもらうトビイロケアリ

アブラムシの体は非常にやわらかく、栄養のある液体の詰まった水風船のようなもので、さらにすばやく逃げることもできないことから、捕食性の生物に狙われやすく、襲われたらひとたまりもない。

また、アブラムシが甘露を垂れ流すと、そこにススカビというカビが発生するので、アブラムシ自身も不潔な環境で生活しなければならないし、ススカビによって植物は病気になり、自分たちの餌の質まで落としてしまうことになる。

これらの点で、アリとアブラムシの両者はいわば持ちつ持たれつの共生関係にあり、実際にアブラムシによっては、アリがいないとすぐに壊滅してしまう集団もある。

しかし、こうした昆虫どうしの共生関係も、美しい友情物語のようにに一筋縄でくくるわけにはいかないようだ。アリがアブラムシに対して甘露をねだりすぎるあまり、アブラムシの成長が妨げられる事例も報告されている[62][63]。さらに、アリはアブラムシが増えすぎると間引きして、それを餌にしてしまうこともある[64]。

あとで詳しく述べるが、共生という事象においても、利益と不利益が完全に平等に配分されるという状況にはなりがたいようだ。

写真79　ルビーロウカイガラムシ　©小松

嫁入り道具

オオバギと共生するシリアゲアリの巣内にいると紹介したように、カイガラムシという昆虫にも、アブラムシと同様、アリとの共生関係にあるものが少なくない。その名のとおり、このなかまには一見昆虫とは思えない貝殻のような姿をしているものがいる（写真79）。

孵化後、植物の汁を吸い始めた幼虫は、背中から蝋状の物質を出して、そこに固着する。

写真80　ミツバアリの巣のなかにいるアリノタカラ（左）と１匹をくわえて飛び立つミツバアリの雌（右）　©島田

その蝋状の物質はだんだんと大きくなり、やがて虫の姿は見えなくなり、まるで貝殻のような姿になることから、この名前がある。

その貝殻の隙間から甘露を出し、アブラムシと同じようにアリと共生関係を営む。

さて、このカイガラムシのなかまは、すべてが貝殻のように硬い物質で覆われているわけではなく、一部にはアブラムシのように体を露出させているものもいる。その多くは、さきほどのアブラムシのように、アリとの共生関係を結んでいる。

その極端なものは、ミツバアリというアリと、アリノタカラというカイガラムシの関係で、いわば究極の共生関係ともいえる（写真80）。

ミツバアリは栄養源のほぼすべてをアリノタカラの甘露に依存する。つまり、アリノタカラなしでは生きられない。

アリノタカラも、必ずミツバアリの巣のなかで生活しており、ミツバアリがいなければ、生活する場所も餌も得ることができない。また、アリノタカラはアブラムシのようにやわらかい体を持ち、普通のカイガラムシのように殻を作らない。
具体的には、ミツバアリは地面に掘った巣のなかで、植物の根にアリノタカラを置き、その汁を吸わせ、甲斐甲斐しく世話をするとともに、アリノタカラの排出する甘露を受け取るのである。[65][66][67][68]

このように絶対的な共生関係ともなると、どちらが得をする損をするということもあまりないのかもしれない。

なお、どのようにして先祖代々このような関係が受け継がれているのかというと、雌アリ(新女王)が巣を飛び立つとき、一頭のアリノタカラを口にくわえていき、別の巣の雄アリとの交尾後、新しく作った巣のなかで、そのアリノタカラを増殖させていくのである。[69][70]

ミツバアリにとってのアリノタカラは、人間でいえば嫁入り道具のようなものであるが、それが「生死に関わる」という点で重要性が異なる。「蟻の宝」とは的を射た名前であるが、アリにとってはわれわれの考える宝物以上の存在であることは間違いない。

戦争する

基本的な関係は争い

前述の共生関係のように、ある生物が赤の他人と仲良くするというのは、むしろ例外的な事象であり、生物間は、基本的には食うか食われるかの関係だったり、競合・競争の関係だったり、戦うべき間柄であるのがふつうである。

直接の闘争が見られなくても、食べるものや生活する場所が重なる場合、そこには「つぶし合い」が生じるのが常である。

たとえば、限られた一つの餌資源や生息場所を二種の生物（個体なり、個体群）が同じ場所で利用する場合、その餌や場所を効率的に利用できるほうが生存に有利となり、結果的にもう片方は消え去ってしまうことがある。その二種には直接の闘争はなくても、結果的に片方がもう片方を駆逐してしまうことになる。[71]

このことはもちろん、人間社会のさまざまな関係にもそのままあてはめることができる。社会が大きくなると見えにくくなるが、個人間の関係にもいろいろな場面で見られるし、同じ業界の企業間の競争などはわかりやすい例を提供してくれる。

写真81　樹液を吸うカブトムシ　©小松

実は平和主義者

さて、「昆虫が戦う」と聞いて、虫好きな人が真っ先に思いつくのは、カブトムシ（写真81）ではないだろうか。子供のときにカブトムシを戦わせた経験を持つ人は少なくないだろう。

この章の本題である社会性昆虫の話とははずれるが、広い意味の生物の社会として、群集という言葉がある。たとえば、サクラの花を利用するさまざまな種の昆虫がいる場合、その昆虫をまとめて「サクラの花の昆虫群集」と呼んだりする。

カブトムシはクヌギやコナラといった樹木の樹液に集まるが、同じ場所は同時にさまざまな昆虫に利用され、「樹液の昆虫群集」を形成している。

昼間にはカナブンなどの中小型の甲虫、各種のスズメバチ、オオムラサキやゴマダラチョウなどのチョウが利用する。夜間にはカブトムシや各種のクワガタムシ、カミキリムシなどの大型甲虫が樹液に集まる。さらに、ケシキスイなどのような微小な甲虫は昼夜を問わず利用する。

また、木に穴を掘って暮らすボクトウガという蛾の幼虫（写真82）は、木に傷をつけることによって樹液の浸出を促進し、そこに集まる小さな昆虫を捕食する。[72]

このほかにもいろいろな昆虫が樹液に集まり、複雑な「樹液の昆虫群集」を形成し、糖分や蛋白質などの栄養豊富な樹液をめぐって、昆虫間でさまざまな闘争が観察される。

こうなると、「どれが一番強いか」という好奇心が生まれるが、実はどの昆虫が一番強いのかははっきりしていないし、状況によって変わるようだ。夜間中心に活動する大型甲虫にしぼれば、きっとカブトムシか大型のクワガタムシになるだろう。

カブトムシは敵の下に角を滑り込ませ、持ち上げて放り投げる。クワガタムシは大顎で挟んでから持ち上げて木の下へと敵を落とす。

写真82　樹に穴を掘って暮らすボクトウガの幼虫　©小松

これら大型の甲虫が樹液をめぐって争う理由には、単純に餌の確保という目的のほか、交尾の場としての樹液を守るという意味もある。つまり、樹液を独占できれば、そこに来た雌と優先的に交尾ができるというわけである。

カブトムシやクワガタムシというと「戦闘」の印象を抱く人は少なくないと思うが、実は野外ではそれほど頻繁に戦いは起きないことがわかっている。

カブトムシの場合、雄同士が戦う前に角を突きつけ合い、互いの長さを確認し、その時点で勝負が決まってしまうことも多いようだ[73]。

また、カブトムシには大小の個体変異がある。小さな雄は四〇ミリメートルほどしかないが、大きな雄では六〇ミリメートルを超える。このように個体差が大きい場合、勝負は最初から見えていて、小さな雄は放り投げられて怪我をしてしまうこともある。

そこで、小さな雄は大きな雄のまだ活動しない早い時間帯から樹液に現れ、できるだけ負け戦《いくさ》をしないようにすることも報告されている[74]。

クワガタムシでも、身近なノコギリクワガタでの研究例では、樹液に陣取っていた雄のところに別の雄が来た場合、ほとんど喧嘩が生じないことがわかっている[75]。

これは飼育しているクワガタムシで戦わせようとしても、なかなか戦わない状況を経験した人であれば、納得のいくことであろう。

カブトムシやクワガタムシの雄のように立派な角を装備して生まれた虫であっても、喧嘩は体力を消耗し、事故による怪我はその後の生活を左右してしまうことから、できるだけ無駄な戦いを避けるようになっている。生き物の行動には無駄が少ない。

アリの戦い

社会性昆虫の特徴はその排他性にある。同種であっても、別の巣にいるものは赤の他人であり、敵であり、ときに壮絶な戦いが生じる。

ただし、無駄な戦いは互いに損失を生むのは当然のことで、社会性昆虫もその生活様式として、むやみに戦争を行わないようにできている。一定の活動場所（縄張り）を持つことは、無益な戦いを避ける重要な手段となっている。

それでも、互いの縄張りが重なってしまったときには、どうしても戦わざるをえないことがあるようだ。

日本の身近なアリでは、公園などにも見られるクロオオアリやトビイロシワアリで、ときに同種の巣間の戦いが観察される。詳しい研究例はまだないが、二つの巣間の中間地点で、多数の働きアリが取っ組み合い、咬み合って、戦っている姿を目撃することがある。あるものは死に、あるものは脚や触角を失い、その様子はヒトの戦争さながらに凄惨をきわめる。

熾烈な縄張り争い

このような単純な戦闘を行うアリもいるいっぽう、「知的」な戦いをするアリもいる。

北米の乾燥地帯によく見られるのはミツツボアリ(写真83)である。その名が示すように、働きアリに「蜜壺役」がおり、腹部にほかの働きアリが集めた蜜をため込み、巣の天井からぶら下がり、活ける蜜の貯蔵庫として働いている(写真84)。

乾燥地というのは昆虫にとって過酷なものである。この蜜壺役を持つ性質も、乾燥地で水分を維持するために有効なのだろう。

写真83　ミツツボアリ *Myrmecocystus mimicus* の働きアリ(アメリカ)　Ⓒ Alex Wild

オーストラリアの乾燥地に生息するやや遠縁のオオアリ属のアリでも、同じように「蜜壺役」を持つものが、独立に進化(収斂《しゅうれん》進化。109ページ参照)している。

砂漠の民は好戦的であるといった、いわゆる「風土論」を持ち出すわけではないが、常に餌源の涸渇の危機に直面していることが関係しているのだろうか、乾燥地のアリにおいては、同種の巣間、そして他種のアリとの戦いは熾烈《しれつ》をきわめるものとなっている。

ミツツボアリは、花の蜜のほか、草食動物の糞を食べるシロアリを餌としている。シロアリはやわらかく栄養に富み、ミツツボアリ以外にも、一般に多くのアリにとって格好の餌となっている。

ミツツボアリは、ほかのミツツボアリの巣の縄張りの近くにシロアリを見つけたとき、大挙してそのミツツボアリの巣に押し寄せ、まずは相手の活動を制圧してしまう。その間に、残りの働きアリがシロアリを捕まえて運び去る。

面白いのは、その際、別の巣のミツツボアリと鉢合わせても、互いを傷つけ合うような暴力行為を行わないことである。

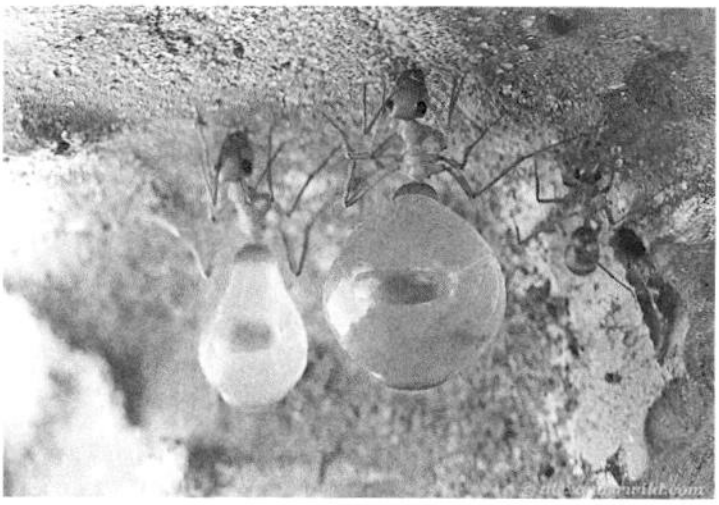

写真84　ミツツボアリの一種 *Myrmecocystus mexicanus* の蜜壺役（メキシコ）　© Alex Wild

数百という二巣のアリがまじり合うなか、いわゆるガラの悪い人たちが行うそれのように、背伸びをして（アリなので脚を高く伸ばして）、互いの周りを歩き回って優位を競い合う。小さなアリは小石の上に乗って、自分より大きなアリを牽制する。さらには、ときに触角や脚で相手に触れたりもする。まるで一触即発の睨み合いである。[76][77]

しかし、本格的な縄張り争いとなるとこれでは済まない。その際には激しい戦闘が起き、戦いは数日間にわたることもある。

そして、弱いほうの巣は戦力に勝る巣の働きアリに攻め込まれ、女王は殺され、幼虫と蛹や蜜壺役のアリ、若い働きアリは連れ去られ、強いほうの巣の一員として取り込まれることになる。[78]

のちにアリの奴隷制について説明するが、それらと異なるところは、取り込まれたアリが完全に巣の一員となり、勝った側の巣のアリと平等に労働を行うところである。

こうして、強いミツツボアリの巣はどんどんと規模を大きくし、ほかの巣を取り込んで成長することになる。[32] まるで三国志、戦国時代、古代ヨーロッパの戦争を見るようである。なお、これらの行為はアリのなかでもとくに高等な戦闘行為にあたる。

写真85　ホクベイイルリアリの一種 *Forelius pruinosus*（アメリカ）　© Alex Wild

強敵たち

しかし、ミツツボアリの敵はほかの巣の同種だけではない。ほかにもいくつかの競争種が存在する。

ホクベイイルリアリ属の一種（写真85）もミツツボアリと生活場所が重なり、互いに競合関係にある。このアリは、ミツツボアリの数分の一の小型のアリであるが、餌場が重なるとき、ミツツボアリの巣を襲撃し、腹部からミツツボアリの嫌う化学物質を出して、彼らを巣口の内側に閉じ込め、その間に餌を独占してしまう。[79]動けないくらいの効果があることから、ヒトでいえば催涙ガスのようなものかもしれない。

また、クビレアリ属の一種（写真86）も別のミツツボアリと同じ場所で競合関係にあるが、彼らの戦術も面白い。小石をくわえて、ミツツボアリの巣の入り口から放り込むのである。これにより、ミツツボアリは巣から出にくくなり、餌をとりに行けなくなる。[80]

写真86　クビレアリの一種 *Dorymyrmex bicolor*（アメリカ）　© Alex Wild

この「投石行動」は別のアリでも独自に進化しており、同じく北米の乾燥地帯で、アシナガアリ属の一種がシュウカクアリ属の一種の巣口を埋め、餌とり行動を妨害することがわかっている。[81]

このほかにも乾燥地のアリの争いに関する観察例は多い。乾燥地というのがきわめて厳しい環境であり、そのような環境でアリという高等な社会性昆虫がしのぎを削り、いかに戦闘行動を進化させてきたかが垣間見える。

写真87　バクダンオオアリ *Camponotus saundersi*（左）とキオビシリアゲアリ *Crematogaster inflata*（右）の働きアリ

自爆攻撃

排他性の強いアリは、戦いに長けたものが多い。その最たるものとしてマレーシアにはバクダンオオアリ（写真87左）というものがいる。その名の通り、このアリは「爆発」する。[82]

バクダンオオアリは大顎腺《おおあごせん》という頭部にある防御物質を分泌する袋が大きく発達している。それが頭部から腹部の先端まで、体のかなりの部分を占めている。そして、ほかのアリやクモなどの敵に出合うと、筋肉を硬直させ、その袋を爆発させる。

その結果、黄色や白の粘着性の液が腹部から飛び出し、敵をからめ捕って動けなくしてしまうのである。爆発したアリはそのまま死んでしまい、巣の仲間のために犠牲となる。

似たようなものとして、キオビシリアゲアリ（写真87

右）というアリもおり、それは胸部にある後胸腺という部分が大きく発達しており、敵に襲われると、白い粘着性の液をそこから出し、敵を動けなくしてしまう[83]。この場合も、アリは間もなく死んでしまうことが多い。

どちらのアリから出る液も強力な粘着性で、指につくといつまでもベタベタとしているほどである。

それにしても、巣の一員が自ら爆発してそのまま死んでしまうのは、ヒトの戦争やテロ行為でもしばしば見られるように、究極の戦術といえるかもしれない。ただしヒトのこういった行為は自分の遺伝子を残すことにほとんど無関係なので、自分と同じ遺伝子を保有する巣の仲間を助けるアリの自爆行為とはまったく意味が異なる。

写真88　ニホンミツバチ　©小松

熱攻撃

蜂蜜の生産のために飼育されるのはヨーロッパ原産のセイヨウミツバチが主だが、日本にもニホンミツバチ（写真88）という在来のミツバチがいる。

ニホンミツバチは入り口の狭い木の洞に巣を作ることが多く、その入り口では常に多数の働きバチが警戒している。それらが何を警戒しているのかというと、主要な天敵である大型のスズメバチ類である。

キイロスズメバチなどの大型のスズメバチはミツバチを攻撃し、大戦争の結果、巣に侵入し、ニホンミツバチの幼虫を奪って持ち帰ってしまうことがある。スズメバチはミツバチの幼虫を自分たちとその幼虫の餌にする。

しかし、ニホンミツバチも黙ってやられているわけではない。巣を襲いにきたスズメバチに集団で襲いかかって団子状に包囲し、各個体が筋肉をふるわせて熱を発生させ、そのスズメバチを熱死させてしまうのである。[84]

これは少なくとも何十万年という長い間スズメバチと同じ地域に棲んできて、スズメバチと戦ってきたニホンミツバチが身につけた対抗策である。

スズメバチの少ないヨーロッパに棲むセイヨウミツバチでは、このような対抗策は持っておらず、日本で飼育されているセイヨウミツバチ（と養蜂家）にとっては、日本のスズメバチ類は、抵抗が難しい脅威の天敵となっている。

奴隷を使う

昆虫にもあった悲しい世界

戦争に続いて忌わしい話になるが、昆虫の世界にも歴《れっき》とした奴隷制度がある。一見のんびりとした自然界にも血も涙もない生物間の関係があるのである。

といいたいところだが、そもそも自然界をのんびりとしたものとして見るのが大いなる誤解で、静寂のなかに血も涙もない死闘が繰り広げられている。昆虫の奴隷制度は、その実態をわれわれに「正直に」見せてくれる自然の姿である。

これから紹介するアリの奴隷制度は、寄生の一つのかたちである。

寄生という言葉を聞くと、前に紹介した寄生蜂やヒトの消化管に寄生するギョウチュウのように他者の体に棲みつくものを想像するが、それだけではない。寄生というのは、複数（通常は二つ）の生物の共生関係において、利益が片方に偏る場合をいう。

寄生はさまざまな生物で進化しており、あとで紹介するアリを騙して餌をもらう昆虫を含め、その様態も実にさまざまである。

生物が自分の労力をいかに抑えて利益を得るかと考えたとき、もっとも合理的な方法は寄生である。寄生性が非常に多くの生物で独立に進化し、そのような生物が今日まで生き延びていることを考えると、寄生という生活様式がいかに適応的な選択肢であるかがわかる。

ちなみに、これまでに述べたアリとほかの昆虫や植物との関係のように、実際に共生と呼ばれるものにも、たいていの場合はどちらかに利益の偏りがあるもので、共生すなわち寄生と考えても、それほど間違いではない。

一見均衡を保つ共生関係においても、二つ以上の個体あるいは社会（あるいは集団）が関係を持てば、必ず双方ができるだけ利益を自分のほうへ多く流れるようにしようと競争する。その関係において、お互いに滅びない程度に均衡を保っている状態が、一般的に「相利共生」と呼ばれる関係である。

奴隷狩り

夏になると草むらで黒いアリが別の黒いアリの巣に入り込んで、蛹を運び出す光景を目にすることがある。それは、サムライアリによるクロヤマアリの奴隷狩りである。

サムライアリの働きアリは、自分では餌をとりに行くこともできないし、噛み砕いて食べることもできない。ましてや自分たちの妹である幼虫を育てることさえできない。奴隷にしたクロヤマアリがすべてをやってくれる[85]（口絵7ページ目）。

奴隷としたクロヤマアリは、一、二年で死んでしまうので、労働力が足りなくなると、近くのクロヤマアリの巣へ出かけていって、成長した幼虫や蛹を奪ってくる。そして成虫になったクロヤマアリの働きアリを奴隷とするのである。[86][87]

サムライアリの働きアリは普段は働かないが、奴隷狩りでは立派な働きを見せる。大顎は通常のアリが持つ、何かを切ったり噛み砕く設計にはなっておらず、蛹略奪の際に抵抗するクロヤマアリと戦ったり、幼虫と蛹を持ち運ぶためだけの、先のとがった鎌状の形をしている（写真89）。

写真89　鎌状の大顎を持つサムライアリの働きアリの顔　Ⓒ島田

クロヤマアリは敵味方のわからない、つまり「物心のつかない」幼虫や蛹のときに連れてこられるので、成虫になったときには自分たちの生まれ育った巣だと思い込んで、あたかもそれが当然であるかのように労働を行うのである。[88]

写真90　サムライアリの雌アリ（女王）　©島田

単独クーデター

そこで疑問に思うのが、自分たちの子育てさえできないサムライアリが、どのようにして巣を創設するのかということである。

前に述べたようにアリは、翅のある雌アリが生まれた巣を飛び出し、別の巣の雄アリと交尾して新天地で新しい巣を作る。そして、自分の口から栄養分を出して幼虫に与えることによって、最初は単独で子育てを開始する。つぎに新しい働きアリが生まれると、それらが外で働き、餌を女王に与えることになる。

しかしサムライアリの場合、交尾を済ませた雌アリ（写真90）はクロヤマアリの巣に単独で侵入し、そこにいたクロヤマアリの女王を殺し、新しく女王に成り代わる。そして自分の産んだ卵を巣にいたクロヤマアリの働きアリに育てさせ、餌もそれらからもらうのである。[89][90][91]まさにクーデターである。

どうしてこのようなことができるのだろうか。サムライアリの雌アリは、侵入時にクロヤマアリと同じ巣の匂いを獲得し、さらにクロヤマアリの女王を殺すときに、その女王の匂いを獲得する。それによって女王の座に落ちつくことができるのである。[92]

ただし大部分のサムライアリの雌アリは、多勢に無勢で、侵入先のクロヤマアリの働きアリにあっという間に殺されてしまうに違いない。なぜならば、サムライアリの巣は非常に少なく、成功率が高ければもっとサムライアリの巣があってもいいはずだからである。

もっとも、サムライアリの巣ばかりだと、きっとクロヤマアリがいなくなってしまうだろう。生物の進化の歴史を見ると、寄生者が増えすぎてしまったばかりに、寄生相手（寄主）がいなくなり、共倒れになってしまったようなこともあったかもしれない。

写真91　アカヤマアリの雌アリ（左・女王）と奴隷のクロヤマアリの働きアリ（右）　©島田

奴隷制さまざま

奴隷使役は、アリ科のなかで何度も独立に進化している。日本では、ほかにもアカヤマアリという山地に住む赤い大型のアリ（写真91）が奴隷狩りを行う。気の毒なことに、クロヤマアリはこの種にも奴隷化される。

ただしアカヤマアリの場合、奴隷がいなくても、単独でも生活が可能だ。自分で餌をとることもできるし、食べることもできる。奴隷はより効率よく巣の環境を維持し、幼虫を育てるための手段なのである。[32][93]

ただし、何千頭ものアリが奴隷として巣の労働力となり得るので、それがいるといないとでは、アカヤマアリにとっては大違いだろう。このような種がやがて奴隷に依存した生活に特化していき、サムライアリのように単独では生活できないアリが生まれたものと思われる。

日本ではほかにも、サムライアリと似たような行動を持つと思われるアリがいる。その名もイバリアリ（威張りアリ）（写真92）で、サムライアリと同じく鎌のような大顎を持つ。

写真92　イバリアリ（上）と寄主のトビイロシワアリ（下）　Ⓒ島田

寄生性種の常として個体数は少なく、とくに日本産種はあまりにも希少で滅多に見られない。そのため、生態についてはほとんど何もわかっておらず、寄主であるトビイロシワアリの巣に同居しているところが見つかっているのみである。[94]

ヨーロッパ産の種では奴隷狩りの様子が観察されており、地下からシワアリの一種の巣に侵入し、抵抗する相手の働きアリを大顎で刺し貫いて殺す。そして幼虫や蛹、無抵抗な働きアリを巣へ持ち帰って奴隷にするという。[95]

また、この襲撃には、すでに奴隷になっているシワアリの働きアリも参加するという。戦争で敵国の捕虜になった兵士が、敵国の兵と一緒に母国を襲うようなもので、奴隷というものがいかにその巣の一員として溶け込んでいるかがわかる。

次々に変装

これまでに紹介した奴隷使役のように、ある種の社会性生物が別の種の社会性生物の社会に依存することを社会寄生という。奴隷使役は社会寄生の一種であり、社会寄生にはほかにもさまざまなかたちがある。

たとえば一時的社会寄生性というものがある[96]。ほかの種のアリの巣に侵入した女王が、その女王に成り代わり、自分の卵や幼虫を育てさせるところまでは、奴隷制の種と同じである。しかし、新しく生まれた働きアリは、もともといた寄主の働きアリと同等に働く。

寄主の巣の女王はすでにいないので、寄主巣の働きアリが寿命で尽きていき、だんだんと寄生種の働きアリが増えていく。そして最後には寄生種の働きアリのみとなる。巣の創設の段階のみ寄生が行われるので、一時的という言葉がつく[97]。

日本の雑木林に見られるトゲアリというトゲトゲしい大型のアリも一時的社会寄生性で、

クロオオアリなどのオオアリ属のアリに寄生する。[98] 基本的な方法は、サムライアリのそれに似ている。

クロオオアリの巣の付近で、クロオオアリの働きアリを見つけた雌アリ(口絵7ページ目)は、その首に咬みついて動きを封じる。すると不思議なことに、その働きアリはだんだんと無抵抗になる。そのように咬みついたまま、まずはクロオオアリの働きアリの匂いを自分の体に塗りつける。

次に巣に侵入するが、すでにクロオオアリの匂いが体に染みついているので、攻撃を受けにくい。そしてこんどはクロオオアリの女王の首に咬みつき、長時間そのままで女王の匂いを自分の体に移す。その後、女王を殺し、自分が女王に成り代わるのである。

サムライアリの場合と同じように、ほとんどは巣に入るときにクロオオアリの働きアリに気づかれてしまい、寄生は失敗に終わるが、まるで次々に変装をして建物に侵入する怪盗のようである。

羊の皮をかぶった狼

比較的身近なアリであるアメイロケアリも一時的社会寄生性であるが、その寄生の方法が面白い。

寄主であるトビイロケアリの巣に近づいた雌アリは、まず手近なところにいるトビイロケアリの働きアリを捕まえる（口絵7ページ目）。つぎに、そのトビイロケアリを殺してその匂いを体に塗りつけ、その死体をくわえてトビイロケアリの巣のなかに侵入するのである。いかにも恐ろしい光景であるが、視覚の発達が弱く、化学物質でなかまどうしのやりとりをしているトビイロケアリのほかの働きアリからすれば、なかまが歩いているように見えてしまうのだろう。まさに「羊の皮をかぶった狼」である。

うまくトビイロケアリの巣に侵入した雌アリは、その女王を殺して新女王に成り代わることができる。[99][100]

この種も侵入の際にトビイロケアリに気づかれて、捕まってしまうことが多い。さらに侵入に成功しても、トビイロケアリの女王にたどりつくまでにトビイロケアリに気づかれてしまうこともある。トビイロケアリの女王は複雑に入り組んだ巣の奥深くにおり、滅多に寄生に成功することはない。これは寄生種に対する対抗措置なのかもしれない。

実際、アメイロケアリの雌アリの飛ぶ季節にトビイロケアリの巣内を見ると、殺されたり、捕まって磔《はりつけ》の刑（すべての脚をトビイロケアリの働きアリにくわえられて引っ張られ、身動きの取れない状態）に処せられたアメイロケアリの雌アリの姿を見ることが多い。

ところで、これまでに紹介した寄生性のアリには、最初に寄主の女王を殺すものが多い。寄生種の新女王が寄主の女王を殺さなければ、寄主の女王も卵を産んで労働力がますます増えるので、寄生種にとっても殺さないほうがいいのではと思うかもしれない。しかし、寄主の女王を殺した結果、寄主のアリの卵の世話がなくなるからこそ、寄主の働きアリの労働力を寄生種の子供に集中させることができるのである。

自己家畜化

オンブアリというきわめて稀《まれ》なアリがヨーロッパのアルプスに生息している。そのアリは、シワアリの一種の巣内に生息し、そのシワアリの女王の背中に乗って生活している。オンブアリの女王はシワアリの女王よりかなり小さいが、腹部を膨らませて大量の卵を産み続ける。その卵と幼虫は同じ巣にいるシワアリの働きアリが育てる。[101][102]
このアリで興味深いのは、働きアリがいないことで、成長した子供は翅のある雌アリか雄アリのどちらかになる。
ヒト以外の生物における真社会性の定義は、階級があるということなので、働きアリもおらず子育ても何もしないこのアリは、社会性を失ってしまったアリともいえる。
新しく生まれた雌アリは巣内で兄弟にあたる雄アリと交尾し、別のシワアリの巣を求めて飛び立つ。
寄主のシワアリの女王には十分な栄養が行き渡らないのか、寄生された巣のシワアリの働きアリの数は少なく、巣は衰退してしまう。オンブアリの場合、寄生が行きすぎてしまっていることは確かで、それがこのアリの生息域の狭さと希少性に関係しているのかもしれない。
似たものにヤドリアリというアリが北米にいて、同じくシワアリのなかまに寄生する。[86][94][103]
また、オンブアリやヤドリアリのように、寄主に完全に依存したアリを「永続的社会寄生種」というが、そのようなアリには、すでに多くのアリが持っている重要なさまざまな機能が失われてしまっている。
特筆すべきは脳など中枢神経の退化である。つまり寄生に特化さえしていれば、頭を使わなくていいのである。[2章117]
これは家畜化された動物でも同様で、イノシシを祖先とするブタは、人類の長い歴史における家畜化の結果、脳の体積がきわめて小さくなってしまっている。天敵を見つける繊細な神経もいらないし、餌を探す探索能力もいらないことも関係しているのだろう。

ヒトと家畜や農作物の関係に関して、ヒトがそれらを管理しているのではなく、逆にそれらに支配されているという変わった見方もある。自分の遺伝子を子孫に残すことが生物の至上命令であるならば、家畜や作物がヒトにそれをさせているという面があるからである。

もちろん真面目に受け止める必要はないが、オンブアリを飼養しているシワアリのことを考えると、そんな見方もあながち大間違いではないような気がしてくる。

社会寄生の進化

ちょっと難しい話になるが、社会寄生の最後の話にお付き合いいただきたい。

社会寄生には「エメリーの法則」というものがある。カルロ＝エメリーという古《いにしえ》のアリ学者が提唱した法則で、ひらたく言えば、寄主と寄生種は共通の祖先から分かれた近縁な関係にあるということである。[97]

これは、アリのようになかま同士の交信（とくに化学物質によるもの）が高度化した昆虫では、近縁であればあるほど、寄生生活、すなわち共同生活が営みやすいので必然といえば必然でもある。

また、これは社会寄生種が進化してきた道筋をも示唆する。つまり、寄生アリはその寄主アリから進化したということである。

社会寄生の進化で一番有力なのは、「縄張り起源説」である。たとえば同種のアリが縄張りを争って戦うとき、勝ったほうが負けたほうの幼虫や蛹を奪うことがある。通常は奪った幼虫や蛹は餌となるが、それが成虫になって、その巣の働き手となるようなこともあるかもしれない。

先述のミツツボアリは、同種の縄張り争いにおいて、負けた相手のアリを奴隷化することがあるが、これは積極的な奴隷制の一歩手前といえるかもしれない。実際に、ミツツボアリの同属種には社会寄生種がいる[103]。

ほかにも、同種が地理的に隔離され、その後の再会によって、どちらかが強い性質を持った場合、片方が侵略を受けやすくなること、また、一つの巣に複数の女王が同居する多女王制や、いくつかの分かれた巣を持つ多巣性が、同種間の争いにつながったことなど、さまざまな進化の道筋が想像できる。おそらく、ときに複合的な、さまざまな要因によって、アリのなかで社会寄生性が進化しているのだろう[104][105]。

なお、ここではアリの話に終始したが、スズメバチやマルハナバチなど、ほかにもいくつかの社会性のハチに社会寄生が観察されている。さまざまな進化の道筋が推測されているが、多くはエメリーの法則にあてはまることがわかっている。

アリの巣の居候

好蟻性昆虫

昆虫の社会のしめくくりとして、アリの巣に共生する昆虫について紹介したい。実は私の専門分野であり、あまり知られていない研究対象だが、とても面白いものなので、ここにページを割《さ》かせていただきたい。

アリの多くは攻撃的かつ排他的で、巣の防衛行動に長けている。逆にいえば、アリの巣に入ってしまえば安全であり、しかも巣のなかにはアリの運んだ餌やアリの幼虫など、豊富な食料がある。

これまでさまざまな例を示したように、生物の世界は資源（餌やよりよい生息環境）があれば、必ずそれを狙うものが出てくる。アリの巣のように食べ物が豊富で安全な環境は、さまざまな共生生物の温床となった。

一生の一時期あるいはすべてをアリの社会に依存する昆虫を好蟻性《こうぎせい》昆虫といい、昆虫全体で十目百科以上の分類群に好蟻性が知られている。きわめて多数回の進化が生じており、その種数は数え切れないほどである[106][107][108]。

大部分の好蟻性昆虫はアリと同程度あるいは小型の大きさだが、なかにはアリよりずっと大型のものもいる。基本的にアリはそれらの生物の存在に気づかないか、巣のなかまとして認識してしまう。

アリと感覚の仕組みがまったく異なるヒトにたとえるのは難しいが、家のなかに自分の子を食べる巨大なクマが歩いていたり、食卓にいる家族が実は赤の他人どころかまったく別の生物だったりするのとほとんど同じといえる。

さまざまな分類群の昆虫がさまざまな道筋で進化していることから、各種の行動やアリとの関係も実にさまざまである。ここでは代表的なものを紹介していきたい。

写真93　トビイロケアリの巣のなかにいたクボタアリヅカコオロギ　Ⓒ小松

盗食寄生

いわば盗み食いである。

写真94　モリシタケアリの運ぶ餌を盗み食いしているヒラタアリヤドリ　©島田

その代表者にアリヅカコオロギ（写真93）というものがいる。体長三～五ミリメートル程度の小さなコオロギで、翅は退化し、暗くて狭いアリの巣の生活に特化している。

アリ同士は口移しでの餌の受け渡しを行うが、アリヅカコオロギの一部は、そこに分け入って、餌を盗む。さらに進化した種では、アリの餌の受け渡しの信号をまねて、アリに直接餌をねだる。[109]

ただ、種によっては、アリの巣のなかにいながらアリとの接触をできるだけ避け、隙を見てアリの餌を横取りするものもいる。[110]

これだけで好蟻性昆虫の生態の複雑さと多様性がわかると思うが、まだまだ続く。

ハネカクシという小さな甲虫はとくに好蟻性種が多く、ハネカクシ科のなかで何十回も好蟻性が進化している。当然、生態もさまざまだが、とくに多いのが盗食寄生種である。

日本にもいるヒラタアリヤドリのなかまは、クサアリ亜属のアリの行列を往復し、餌を運ぶアリが現れると、それに飛び乗って巣に帰るまでの間に食事をする（写真94）。アリが巣に帰ると飛び降り、餌を運んでいる次のアリを探す[111]。

南米のグンタイアリの巣にはグンタイアリそっくりのハネカクシが棲んでいて、グンタイアリの狩りに一緒に出かけていく（写真95）。そして、グンタイアリが捕まえた獲物を持ち帰るために分解するとき、それを盗み食いするのである。

写真95　バーチェルグンタイアリ *Eciton burchelii*（左）と一緒に狩りに出かけるハネカクシ *Ecitophya simulans*（右）（ペルー）　©島田

多すぎる居候

アリの巣のなかとその周辺には、餌の食べ滓《かす》やアリの死骸もたまる。そういったものを専門に食べるものもいる。

ヤマアリのように大きな塚を作るものは、それだけゴミも多く出るので、清掃者としてそれらを食べる好蟻性昆虫が非常に多い[112]。

マレーシアの地上五〇メートルほどの高木には、シリアゲア

写真96　ユモトゴキブリ *Pseudoanaplectinia yumotoi*（マレーシア）　Ⓒ小松

写真97　イヌイオニミツギリゾウムシ *Pycnotarsobrentus inuiae*（マレーシア）

リ属のフクラミシリアゲアリが、木に着生するシダのなかに巣を作って生活している。

その巣にはユモトゴキブリ（写真96）という五ミリメートルほどの小さなゴキブリが生息しており[113]、おそらく清掃者としての役目を果たしている。そして、驚くべきはその個体数である。

通常、好蟻性昆虫は、一巣あたりアリの数の数万〜数百分の一以下の個体数しかおらず、アリの社会にはあまり影響を与えないと考えられている。

ところが、このユモトゴキブリは、アリを含む巣内の生物の個体数の二割程度を占めるという[114]。研究は進んでいないが、おそらくなにかの相互作用があるのだろう。

写真98　トビイロケアリの蛹を食べるアリスアブの幼虫（左）と成虫（右）　©小松

ちなみにこのフクラミシリアゲアリの巣は、あまりに地上から高く調査困難な場所にあるため、巣内の共生者がほとんど調べられてこなかった。最近では、コガネムシ科やミツギリゾウムシ科の甲虫（写真97）で、新属新種の非常に変わったものが発見されている[115][116]。

また、好蟻性昆虫というのは、ほとんど専門家がおらず、このような調査困難な場所だけでなく、身近なところでもまだまだ新種が見つかっている[117]。多くは地面にあることから、私はアリの巣のことを「足元にある未踏の調査地」と呼んでいる[118]。

家のなかの猛獣

アリの巣にわが物顔で居候しつつ、アリやアリの幼虫を食べてしまう輩《やから》も少なくない。

アリスアブというハナアブ科のハエの幼虫は、体長一

写真99　ツムギアリ *Oecophylla smaragdina* の巣のなかにいるアリノスシジミ *Liphyra brassolis* の幼虫（マレーシア）　Ⓒ小松

写真100　襲ったアリを食べるネアカクサアリハネカクシ　Ⓒ島田

センチメートル程度で、半球形の変わった形をしている。昆虫とは思えないその姿から、最初はナメクジの一種とされたくらいである。

アリスアブの幼虫は、アリの幼虫室に棲み、幼虫や蛹を食べて生活している（写真98）。それらはアリの巣の壁に貼りついて、その一部になりきっているのであろう。じわじわと「壁」が動いて、アリスアブの幼虫がアリの幼虫を食べているのに、アリはまったく気づかない。[119]

ゴマシジミというチョウの幼虫は、アリの好む化学物質を出し（口絵8ページ目）、ある程度の大きさになるとクシケアリの巣に運ばれていく。そしてこの幼虫も、アリの幼虫を食べるが、アリはまったく意に介さない。[120][121]

アリは化学物質のほか、音を出してなかま同士と交信することがわかっていて、ゴマシジミの幼虫は女王アリの出す音をまねて給餌を受けているという。[122]

また、東南アジアにいるアリノスシジミというチョウの幼虫（写真99）は、ツムギアリという凶暴なアリの巣に棲んで、その幼虫を食べて生活している。この幼虫は、チョウの幼虫なのに、背面がカメの甲羅のように硬く、ツルツルで、アリはまったく歯が立たない。[123]

ハネカクシのなかまであるクサアリハネカクシ属の一種（写真100）も、クサアリの行列の周辺で生活している。基本的に死んだアリを食べるが、空腹になるとアリを襲って食べる。

写真101　アリから餌をもらうクロシジミの幼虫　Ⓒ小松

アリと同じくらいの大きさであるが、その方法はまるで草食動物を襲うライオンのようで、クサアリの頭のつけね（首）に咬みつき、神経を切って殺すのである。[124] アリは大顎の力が強く、反撃されたらひとたまりもないので、このような一撃必殺の効果的な狩りの方法をとるのだろう。

なりすまし

先に紹介したアリノタカラはアリと仲良しの好蟻性昆虫の最たるものであり、限りなく相利共生といえるが、相利共生が成立しなくとも、アリに積極的に受け入れられているものもいる。それを「相愛共生者」と呼ぶ。

クロシジミというチョウの幼虫は、クロオオアリの巣に運び込まれ、口移しに餌を与えられる（写真101）。この幼虫は姿形はイモムシだが、雄アリに化学擬態（ニオイの成分をまねること）、いわばなりすましている。[125]

写真102　クシケアリの巣内のハケゲアリノスハネカクシ　©島田

雄アリは成虫になって十分に成熟すると巣の外に出ていくが、その前は巣内で働きアリに餌をもらって生活している。雄アリは大顎が発達しておらず、自力で餌を食べることができないからである。

つまり、クロオオアリは、クロシジミの幼虫のことを自力で餌をとれない巣なかまの雄アリだと思い込み、餌を与え続けているのである。

ハケゲアリノスハネカクシというハネカクシは、クロヤマアリの巣に棲んでいて、アリから口移しに餌をもらう（写真102）。幼虫はアリの幼虫そっくりの姿をしているが、アリの幼虫より餌をねだるのが上手く、アリはハケゲアリノスハネカクシの幼虫を優先的に育ててしまう。[126][127]

この種の面白いところは、成虫は春から晩夏にかけてはクロヤマアリの巣で生活し、繁殖するが、新しく羽化した成虫はクシケアリの巣に移動し、そこで越冬し、春になるとクロヤマアリの巣に戻ることである。[128]

クロヤマアリは巣の規模が大きく繁殖には最適だが、低温に弱く、秋になると活動をやめてしまう。クシケアリは低温に強く、真冬を除いて活動するので、クシケアリの巣にいると秋遅くまで餌をもらうことができ、翌春の産卵に備えた栄養をとることができるのだろう。

生物の移動といえば鳥類の渡りだが、その理由は旅先での餌資源の確保と考えられている。その点で、ハケゲアリノスハネカクシの移動は鳥類の渡りと同じ目的を持った行動といえる。

なお、春になってクロヤマアリの巣の内部を見ると、侵入に失敗し、捕まって餌になっているハケゲアリノスハネカクシをしばしば見かける。巣に入り込み、アリの社会に溶け込んでしまえば、そこに快適な生活が待っているが、寄生性のアリの寄主巣への侵入が滅多に成功しないように、それはなかなか難しいことのようである。

写真103　バーチェルグンタイアリ *Eciton burchelii* の兵隊アリの大顎の内側だけに寄生するトゲダニ亜目のダニ *Circocylliba* sp.　©小松

家族と瓜二つの客

前に述べたように、アリの巣は暗闇で、アリは化学物質に頼ってなかま同士の交信を行っている。そして、アリの巣に共生する昆虫も、基本的にはこの仕組みを利用し、化学擬態という方法を用いている。

しかし、アリとの関係が密接になると、化学信号をまねるだけではアリの巣に溶け込めない場合があるようだ。そういうもののなかには、アリに全身や体の一部を似せている場合がある。

これを「ワズマン型擬態」といい、もともとはエリッヒ＝ワズマンというアリの巣に棲む昆虫の専門家が、アリそっくりの好蟻性昆虫に対して提唱した擬態様式である[129]。具体的には、ヒメサスライアリに世話を受けるハネカクシのなかには、アリに瓜二つの姿のものがいる。このハネカクシはアリの巣の引っ越しの際にアリの行列に交じって進むが、アリが登れてもハネカクシは登れないような場所に来たとき、怪我をしたアリを装って、触角のつけねをアリにくわえて運んでもらう[130]（口絵8ページ目）。

このとき、姿だけでなく、運ぶことを頼む仕草がアリにそっくりで、アリにしてみれば、触ったときや運ぶときの感触で巣のなかまだと思ってしまうのだろう。

また昆虫ではないが、アリの体表面に寄生するダニは、たいていその表面構造がアリに似た姿をしている（写真103）。アリはなかまどうしで体を触り合うが、そのときに気づかれないための方法だと思われる。これも、体の一部分ではあるが、ワズマン型擬態の一例といえる。

写真104　ヒョウタンカスミカメの一種 *Pilophorus* sp. の幼虫（下）　©小松

アリを嫌う捕食者は多く、アリに似ることとは、ベイツ型擬態（58ページ参照）である場合もある。実際、アリにそっくりなカメムシの幼虫（写真104）やクモはその効果があるとされている。[131]
しかし、ここに紹介したハネカクシは、通常は暗闇の巣のなかで生活しており、微小すぎて視覚の発達した捕食者に狙われるものでもないことから、ベイツ型擬態ではないといえる。

ほかにもさまざまな好蟻性昆虫がおり、ここでは紹介しきれないが、先にあげたような三つの生活様式にあてはまらなかったり、逆に複数あてはまるものもおり、なかなか複雑である。とにかく面白い研究対象であることは確かである。

成虫になっても成長

資源があればそれを狙うものがいるというのは、巨大な巣を作ることのあるシロアリも同じで、シロアリの巣にもさまざまな共生昆虫がいる。これらを「好白蟻性昆虫《こうはくぎせい》」という。

最近私が発表した面白いものでは、西表島と石垣島でタイワンシロアリが作る菌園から見つかった、シロアリノミバエ亜科のハエがいる。

これもワズマン型擬態の一つなのであろう。成熟した成虫は白くてブヨブヨと肥大した腹部を持ち、シロアリのような姿をしている。一見ハエとは思えない姿である。シロアリは自分たちの幼虫のようにこのハエを大事に扱う。

日本では二〇〇八年に初めて見つかり、このときにはなんと一新属新種を含む四属四種が発見された。どの種もあまりにも面白い姿だったので、そのうちの一種を私は妖怪「豆狸」

に重ねて、「マメダヌキノミバエ」（写真105）と名付けた。[132]

このシロアリノミバエ亜科の面白いところは、「羽化後成長」という特異な現象が見られることである。

通常、ハエを含む完全変態昆虫では、蛹から成虫になった時点で成長が完全に止まる。少なくとも、外骨格は成長しない。

しかし、このシロアリノミバエのなかまは違う。羽化した成虫は普通のハエのような姿で、飛び回ることができる。ある巣を定住の地と決めると、翅を切り落とす。そして菌園のなかで生活していくうちに、だんだんと腹部が膨らんできて、頭部が伸び、脚が太くなるなどの成長を遂げるのである。[133][134]

写真105　マメダヌキノミバエ　Ⓒ島田

このハエのほかにも、好白蟻性のハネカクシにも羽化後成長が知られていて、同じような成長を遂げる。[135] シロアリとの共生に関係する適応的な意味があるのだろう。

脱皮とともに成長するというのが、昆虫を含む節足動物の常識である。つくづく昆虫に既成概念は通用しない。

第4章

ヒトとの関わり

ヒトの作り出した昆虫

衣服や家畜と進化した昆虫

ミノムシのところで少し触れたが、ヒトは裸の動物である。今では住居と衣服なしに生きることは難しい。ヒトの体毛の減少と衣服の着用の関係には諸説あり、いまだに決着を見ないが、どちらが先に生じたのだろうか。

ヒトの体につく代表的な寄生性昆虫にカジリムシ目のヒトジラミとケジラミがおり、どちらもヒトの血を吸って生活している。ヒトジラミのほうは、頭髪につくアタマジラミと衣服につくコロモジラミという二つの亜種に分化している。

両亜種は人工的に交配させることは可能だが、形態的、生態的にそれぞれ頭髪と衣服に適応している。このように違う種が進化するくらい、ヒトの衣服着用の歴史が長かったことは確かのようである。[1][2]

また、衣服がヒトの文化だとしたら、これらの虫は、ヒトの文化が新たに作り出した昆虫ともいえる。

同じくシラミの話だが、ブタジラミというブタにつくシラミがいる。もちろんブタは家畜である。

ブタの家畜化の歴史は古く、一万年近く前にユーラシア大陸で人間がイノシシを飼育するようになってから、次第に現在のブタの形に近づいた。

ブタに寄生するブタジラミは、イノシシにつくイノシシジラミ（写真106）の近縁であるが、イノシシに比べて体毛の少ないブタに特化している。これもヒトが作り出した昆虫といえ、種分化の歴史として一万年はきわめて新しいといえる[3]。

ほかにも、ウシジラミ、ウシホソジラミ、アフリカヤギジラミなど、家畜専門のシラミが存在する。

写真106　イノシシジラミ

たった千五百年

太平洋の真ん中にあるハワイ諸島は、その形成から一度も大陸と地続きになったことがない。このような島を海洋島という。

ガラパゴス諸島はとくに有名であるし、日本の小笠原諸島も同様だが、そのような島には、島固有の生物が多い。

それらの生物は、遠い祖先が海流や風に乗って偶然たどりつき、そこでさまざまな種に分かれたと考えられる事例が多い。そして、一つの狭い分類群が、一つの島や周辺の島々を含めて多数の種に分かれていることがある。

ハワイの昆虫では、ハワイトラカミキリやショウジョウバエやシャクガの数属など、いくつかの分類群が多数の種に分化していることで有名である。

ツトガ科というガの一属があり、ハワイには二十三の固有種が生息している。そしてそのうちの五種はバナナの葉のみを餌としている。

しかしバナナは千五百年ほど前にポリネシアの人々が持ち込み、ハワイに植栽したものである。つまり、それらの五種は、この千五百年の間にハワイでほかの植物を食べていた種から進化したということになる。[4]

前に述べたように、進化とは通常何十万年、何百万年という単位で目に見えて生じるものであり、ブタジラミもきわめて異例であるが、このガは異例中の異例といえるかもしれない。条件さえ整えば、このように短期間で進化が生じるということを、このガの例は示している。

もしかしたら、われわれの知っている昆虫でも、実は最近、ヒトの営みによってほかの種から分かれたものがあるかもしれない。

昆虫による感染症

人口が半減

昆虫を介した感染症は今でも世界中で猛威をふるっている。ヒトと昆虫の関係は数あれど、現在再び問題となりつつあることを考えて、ここではそれについて少し長めに紹介したい。

歴史的にもっとも注目すべきは、一四世紀のペストの流行であろう。ペストは、ネズミに寄生するケオプスネズミノミ（写真107）を中心としたノミが媒介する。ノミはノミ目の完全変態昆虫で、イヌやネコにもよく見られるネコノミが身近な種として知られる。

ペストにはさまざまな病型があり、「黒死病《こくしびょう》」の別名のとおり、血液に入って敗血症を起こすと、全身に黒斑ができるものもある。とにかく恐ろしい病気で、致死率はきわめて高い。

写真107　ネズミに寄生するノミの一種
Ⓒ亀澤

一四世紀の流行時、ヨーロッパでは全人口の三分の一から半分以上が失われたという。当時のヨーロッパは荘園制だったので、農奴の不足がヨーロッパ社会に大きな影響を及ぼしたという。[5]

流行はしばしば起き、一九世紀のインドと中国で多数の死者が出たほか、日本でも小規模の流行があった。

感染の予防にはノミの寄主であるネズミの駆除が重要となるが、野生のネズミにもペストを媒介しうるノミが常在している地域では駆除が不可能である。

近年ではそのような地域にもヒト社会の進出が進み、アフリカを中心に流行例が再び増えている。ペストといえば古い時代の流行病という印象があるが、実は一九九四年にもインドで数千人が死亡する流行があり、決して過去の病気ではない。

なお、日本各地にもケオプスネズミノミは生息しており、万が一、ペスト菌が持ち込まれた場合、どこかでペストが発生する可能性も皆無ではない。

眠り病の恐怖

昆虫が媒介する感染症について、私の経験にまつわる話を少し紹介したい。

カメルーンの森のなかでしゃがんで用を足していたとき、くるぶしに鋭い痛みが走った。ふと見ると、目がクリクリとした可愛らしいハエが口吻《こうふん》をそこに差し込んでいた。ツェツェバエ（写真108）との出合いである。そのときは、「こんなに吸血相手に痛い思いをさせて意味があるのか」という疑問が頭をかすめたと同時に「眠り病（アフリカ睡眠病）」という病名が頭をよぎった。その後二回も刺され、しばらくは眠り病の発病の心配で落ち着かない日々を送った。

写真108　筆者を刺したツェツェバエの一種 *Glossina* sp. の標本（カメルーン）

ツェツェバエはアフリカの熱帯域に広く分布する吸血性のハエで、ツェツェバエ科に属し、前に紹介したシラミバエに近いなかまである。体長は一センチメートル近くあり、注射針のような口吻を持っていて、刺されるとまさに太い針を刺したような痛みがある。[6]

通常、吸血性の昆虫は、相手に気づかれないように長時間血を吸うため、痛みを感じさせないように進化している。少なくともチクリ程度がふつうで、この痛みは何なのかと疑問に感じたわけである。

おそらくヒトは主な吸血相手ではなく、本来はもっと皮膚の厚い大型獣を相手にしているのだろう。ふつうのハエと異なり、手で払っても、触っても、まったく逃げないのも印象的だった。大型の動物や鳥に取りついて、払われてもしがみつくように進化しているのだろう。

ツェツェバエはなんといっても「眠り病」を媒介するハエとして有名で、トリパノソーマという原虫により、最初は発熱や頭痛などの症状を引き起こす。症状が進むと神経疾患を引き起こし、やがて睡眠周期が乱れ、昏睡状態に陥って死亡する。[7]

感染症を媒介する吸血性のハエ

千年以上前にアラブ人はアフリカ北部一帯に広大なイスラム帝国をつくり上げたが、サハラ砂漠より南を征服できなかったのは、この病気のためだという説があるくらい、眠り病は人々への影響の大きい病気である。

最近ではアフリカの地域によっては、もはや「忘れられた病気」となっているが、まだまだ人々や家畜を苦しめる恐ろしい病気である。

また、そのときには日本にもいるブユ（写真109）という小さなハエにも刺された。二〜三ミリメートルと小さいが、これもアフリカでは恐ろしい病気を媒介する。オンコセルカ症といって、回旋糸状虫が体のなかを這い回り、運が悪いとその虫が視神経に入って失明することがある。

ブユは幼虫期を水中で過ごすため、成虫も川沿いに多い。川沿いに暮らす人たちが感染することが多いので、この病気には「河川《かせん》失明症」という別名もある。いまだに二五〇〇万人以上の感染者がいるという[8][9]。

写真109　ブユの一種　Ⓒ島田

写真110　キンメアブの一種 *Chrysops* sp.（マレーシア）　Ⓒ小松

写真111　目の下のホクロのように見えるのが「メマトイ」　Ⓒ島田

調査中にツェツェバエに刺されたときと同じような痛みがあって、焦ってその部分を見ると、一センチメートルほどのアブ科のキンメアブの一種（写真110）が血を吸っていることがあった。ツェツェバエでないとわかり、安心して血を吸わせてしまったのだが、これも帰国後に調べると、ロア糸状虫という大型の寄生虫を媒介することを知り、ゾッとした[10]。

とにかく、アフリカではありとあらゆる吸血性のハエが何らかの感染症を媒介し、危険である。

日本ではカ以外のハエ目昆虫による感染症はほとんどないが、「東洋眼虫」「メマトイ」（写真111）と総称されるヒトの目に飛び込んでくる小さなハエが、という寄生虫を媒介することが知られている。本来はイヌなどに寄生するものであるが、ヒトにも感染するので注意すべきである。

写真112　オオサシガメの一種 *Rhodnius prolixus*（ペルー）　Ⓒ小松

シャーガス病

南米に行くと、サシガメ科の数種のカメムシ（写真112）に吸血性のものがいて、これがシヤーガス病という恐ろしい病気を媒介する。

サシガメの口から感染するわけではなく、吸血中のサシガメがする糞のなかにトリパノソーマの一種が含まれており、眠っている間にヒトがそれを傷口にこすりつけることによって感染する。[11][12]

怖いのは、自覚症状もなく、数十年という長い歳月を経て、心筋症や心臓肥大など、致命的な症状で死に至ることである。南米の貧しい地域に多く、流行地では感染源に関する知識の普及が行き届いていないという。

写真113　サシチョウバエの一種 *Lutzomyia* sp.（ペルー）　Ⓒ小松

私が南米のペルーのアマゾン奥地に宿泊中、灯火採集といって、電灯に集まる昆虫を採集していたときに問題のサシガメが多数飛来した。宿はそのサシガメの生息に最適な粗悪な建物で、毎晩ひやひやしながら眠ったものだった。

日本でも南米からの出稼ぎ労働者の献血にこの病原体が混じっていたことが判明した。とにかく自覚症状がないので、まだ多数の感染者が日本にいる可能性がある（私もその一人かもしれない）。

また南米ではリーシュマニア症という、また別のトリパノソーマによる病気があり、これはサシチョウバエ（写真113）というチョウバエ科の微小なカが媒介する。インドやアフリカでも発生しており、型によって重篤な皮膚病を起こしたり、内臓疾患の原因となったりする。[13][14]

これは突進するように飛んできて、いきなり刺す。ふつうの吸血性のカより小型であるが、刺されるとチクリと嫌な痛みがある。

紹介したハエやサシガメの媒介する感染症の怖いところは、予防薬が開発されていないことである。状況によっては治療さえ困難な場合も少なくない。

もっとも恐るべき吸血昆虫

そして病気を媒介する昆虫としてもっとも恐るべきものは、ハエ目カ科のカである。「カに刺された程度」という言葉があるように、カに刺されても、多くの場合は一過性の痒みしかないが、媒介する病気の威力には背筋の凍るものが多い。

実は世界的に見て、野生動物によるヒトの死亡原因の第一位はカが媒介する感染症である。その数は殺人（第二位）よりもずっと多いという。

そして、その感染症のなかでも、ハマダラカのなかま（写真114）が媒介するマラリアがもっとも注目すべき病気である。いくつかの地域では撲滅に成功しているが、カを通じてヒトからヒトへも感染する力が強く、アフリカや東南アジア、南米を中心に、世界的にはまだまだどこにでもある病気である。

これも原虫による感染症で、発熱を主な症状とするが、いくつかの型があり、症状の重いものでは短期間で発病者を死に至らしめる[15]。

よく訪れるタイの調査地で、そこを少し前に訪れた植物研究者が悪性のマラリアで亡くなったと聞いたこともあり、私のような熱帯で調査する者にとっては、身近な恐怖である。

日本で昔「おこり」として恐れられた病気もマラリアだといわれている。比較的最近まで北海道から沖縄まで土着していた歴史があり、沖縄のある島の集落では、マラリアで廃村になった例も少なくない[16][17]。

そのほか、デング熱、日本脳炎、バンクロフト糸状虫症など、カの媒介する感染症は枚挙にいとまがない。

幸い、いずれの病気も発病したことはないが、とにかく吸血

写真114　ハマダラカの一種 *Anopheles* sp.（マレーシア）　Ⓒ小松

性の昆虫という昆虫が、何らかの感染症を持つことを思い知った。

ハエによる例を示したように、とくにアフリカはこれらの病気の宝庫で、ヒトの歴史が長いだけに、その分、ヒト、吸血昆虫、原虫や寄生虫の三者関係は続いてきたのだろう。

これら恐ろしい病気に感染したり発病したりしないようにするには、ここにあげたような虫に刺されないよう、ひたすら注意しなければならないが、短期間の滞在で、昆虫学者の知識を持って注意した私でさえほぼすべてに刺されてしまった。

現地で生活している人々の間での流行はまだ続いているが、それを終息させる困難さは、このような個人的な体験からも十分に理解できた。

写真115　筆者から吸血しているタカサゴキララマダニの近縁種（マレーシア）

日本ではダニのほうが怖い

ちなみに、私は昆虫が媒介する重い感染症にはかかったことはないが、マダニのなかま（写真115）が媒介するリケッチア症という病気になり、当初は原因不明の高熱が出て、少し苦しい思いをした。

最近ではＳＦＴＳという致死率の高い病気が見つかって注目を集めているが、感染症という点では、日本では昆虫よりもダニ（マダニやツツガムシのなかま）がずっと怖い。

あまり知られていないが、恐ろしいダニ媒介性脳炎も日本に存在する。これはヨーロッパから極東ロシアにかけての流行地でいくつかの型があり、いずれも致死率が高いうえ、治癒しても重い後遺症が残ることがある。

また、数種のリケッチア症は日本の広い地域でツツガムシやマダニが持っている。冷涼な地域ではマダニが媒介するライム病というものもある。これらの病気も症状が重く、治療が遅れると死に至ることが少なくない。

近年、日本各地でシカやイノシシが非常に増えており、それらが人里に出没することが増えている。それに伴って、それらに寄生するマダニ類も身近な存在になりつつあり、ダニに刺される機会も多くなってきている可能性が高い。

とくにシカの増え方は異常で、各地で深刻な環境問題ともなっている。これら感染症の予防策という意味を含め、駆除などの早急な対策が必要である。

嫌われる虫と愛される虫

農業被害

感染症とならぶヒトへの脅威は農作物への被害である。農耕が始まって以来、人々が農業害虫に苦しめられてきたことは、さまざまな資料を通じて明らかである。

農耕とは特定の植物をまとめて植えることであり、もしそれを餌とできる昆虫が現れれば、その昆虫にとっては食べ放題、子孫を増やし放題で、畑はまさに天国といっていいだろう。

農耕の歴史は、作物の品種改良や天候不順への恐怖とともに、害虫との戦いの歴史であるといっても過言ではない。

有名なものでは、大発生し、群れをなして移動しつつ作物を食い荒らすサバクトビバッタやトノサマバッタ（写真116）、ヒゲマダライナゴがいる。とくにトノサマバッタは日本でもたびたび大発生した。これらのバッタの大発生は飢饉につながり、その害に対して「蝗害《こうがい》」という専門の言葉があるほどである。

日本人にとってもっとも大切な稲作も、昔から害虫に悩まされてきた。とくに深刻なのは渡りをするウンカのなかまで、三〜四ミリメートルの微小な昆虫ながら、大発生し、坪枯れという局所的なイネの枯死やウイルス病の媒介などを引き起こす。その被害の重大さから、日本では蝗害という言葉はウンカによる被害にも使われる。

ウンカの厄介なところは、日本で被害を抑えたとしても、東南アジアや中国から毎年飛来する点にある。また、最近では農薬に耐性のある変異体が日本に飛来し、駆除を困難にしている[18][19]。

化学農薬のない時代には、クジラの脂肪から取った油を水田に流し、そこにウンカを払い落として、溺死させるという手間のかかる駆除法もとられたようだ。

ほかにも昆虫による農業被害はキリがない。農業だけでなく林業においてもさまざまな昆虫による被害がある。それに対して、より効果的な農薬の開発や作物自身に殺虫物質を持たせる遺伝子組み換えなどの方法がとられているが、虫とのイタチごっこは続くばかりである。

写真116　トノサマバッタ　©長島

日本一危険な野生動物

病気を媒介したり、農業に影響を与える昆虫のほかにも、ヒトに危害を加える昆虫がいる。

日本ではスズメバチによる刺傷が非常に多く、それによる死者数に関しては、毒ヘビやクマなど、ほかの野生動物の追従を許さない。実は日本で一番危険な動物である。

問題なのはアレルギー症状で、アナフィラキシーショックというきわめて短時間に起きる症状では、呼吸困難や血圧低下などで危険な状態に陥ることが少なくない。

スズメバチは交尾済みの雌が単独で越冬し、春に巣作りを開始し、それがだんだんと大きくなり、秋になると何千という数のハチを擁するようになる。そういった巣を刺激したときに刺されることが多い。

また、もっとも大型で危険なオオスズメバチ（写真117）は、餌場を守る習性があり、昆虫採集時に、カブトムシと一緒に樹液にいるところを刺激し、刺されてしまうこともある。この種は毒そのものが強力で、アレルギーを持っていなくても、重篤な症状が出ることがある。

そのほか、アシナガバチやマルハナバチなども、巣を刺激するとヒトを刺すことがある。

写真117　オオスズメバチ　©長島

身近な猛毒昆虫

ケムシに刺される被害も多い。とくに公園の生け垣のツバキなどに発生するチャドクガというドクガ科のガの幼虫は、毒針毛という注射器のように毒の詰まった毛を持っており、それが皮膚につくとひどい炎症を起こすことがある。

同様にイラガ科やカレハガ科の幼虫など、いくつかの身近なケムシには触れると危険なものがいるが、大部分のケムシはさわっても無害で、必要以上に気にすることはない。

夏に問題になるのは田園地帯に多いアオバアリガタハネカクシ（写真118）というハネカクシ科の甲虫で、光に集まる習性がある。誤ってそれをつぶしてしまうと、ペデリンという猛毒を含む液が皮膚に広がり、ひどいやけど状の症状を示す[20]。そのことから「やけど虫」とも呼ばれる。

似たような症状を引き起こす虫として、前にも挙げたカンタリジンという毒を持つカミキリモドキ科の甲虫のなかまがおり、「ランプ虫」とも呼ばれる。

写真118　アオバアリガタハネカクシ
Ⓒ長島

家のなかのおじゃま虫

ほかにも別の方向からヒトに何らかの害を与える昆虫がいる。

たとえばヒメマルカツオブシムシというカツオブシムシ科の小さな甲虫は衣類を食べて穴をあける。セーターに穴があいてしまった経験を持つ人も多いだろう。箪笥に防虫剤を入れるのは、この虫に対する備えであることが多い。

ほかにも、フルホンシバンムシというシバンムシ科の甲虫や、ヤマトシミ、セイヨウシミ（写真119）といったシミ目の昆虫は、書籍をかじってヒトに迷惑をかけることがある。

写真119　セイヨウシミ　Ⓒ長島

写真120　コクゾウムシ　Ⓒ長島

写真121　アルゼンチンアリの働きアリ　Ⓒ島田

また、貯穀害虫といって、ヒトが保存している穀類を食べることに特化した昆虫もいる。米に大発生することがあるコクゾウムシ（写真120）というオサゾウムシ科の甲虫や小豆《あずき》の入れ物を飛び回るアズキゾウムシというハムシ科の甲虫などが、少なくなってはいるものの、比較的身近な存在である。

近年ではアルゼンチンアリ（写真121）という外来種のアリが各地に増えつつあり、その繁殖力の強さもあって、家屋に侵入し、咬みついたりはしないが、深刻な不快害虫となっている。このアリは各地で在来のアリを駆逐するという点でも、問題の多い外来生物である。

ゴキブリはなぜ嫌われるのか

ゴキブリのなかまは嫌われる昆虫の最たるもので、この言葉を聞いただけで悲鳴をあげる人もいるくらいである。たしかに病原菌を媒介するようなこともあるが、今の日本ではその点ではほとんど問題にならない。気の毒にも、その見た目や家に棲むことから嫌われてしまっているようだ。

思うに、ゴキブリに過剰に反応するのは、幼少期からの刷り込みによるところが大きい。つまり保護者がゴキブリに大騒ぎしている様子を見て、子供も恐ろしいものだと思い込んで

写真122　テントウゴキブリの一種 *Prosoplecta* sp.（左）とテントウムシの一種（右）（フィリピン）

しまっている。親による刷り込みは、ヒトの人格や嗜好の形成に大きく影響を与えるが、こういったゴキブリ嫌いはその顕著な例ともいえる。

ちなみに、クロゴキブリやチャバネゴキブリなど、数種のゴキブリが人家に棲みつくが、大部分のゴキブリは森林性で、ヒトとは関係のないところに生活している。「ゴキブリは嫌いだ」などとひとくくりにするのは、ゴキブリに失礼なことである。

といいつつ、私はケムシが大嫌いで、ケムシの出ている図鑑を見るのも苦痛である。だからゴキブリを毛嫌いする人の心理状態はよく理解できる。

ちなみに、東南アジアには、可愛い昆虫の代表であるテントウムシにそっくりなテントウゴキブリ（写真122）がいる。テントウムシは好きだがゴキブリは苦手という人をからかうようである。昆虫は常に意表を突いた驚きをもたらしてくれる。

また、カマドウマ（写真123）というカマドウマ科のキリギリスのなかまも、ゴキブリ同様に嫌われるようだ。「竈《かまど》」とつくように、民家にも生息していることもあるが、今ではあまり身近ではない昆虫となっている。

カマドウマなどは何も悪さをしていないのに、見た目の不気味さだけで嫌われてしまう気の毒な虫である。もっとも、向こうは何とも思っていないに違いないが。

写真123　巨大なカマドウマのオオハヤシウマ
©島田

写真124　カイコの成虫と繭

家畜昆虫

昆虫とヒトの関係は、これまでに述べた農業害虫や衛生上の害虫、不快な害虫のように、ヒトに対して負の影響を与えるばかりではない。ヒトが昆虫に恩恵を受けている例もたくさんある。

とくにヒトの生活に重要な昆虫は、カイコ（写真124）とセイヨウミツバチ

写真125　セイヨウミツバチの働きバチ　©奥山

写真126　ハリナシバチの一種 *Trigona* sp.（マレーシア）

（写真125）だろう。それぞれ絹糸と蜂蜜の生産に欠かせない昆虫である。

カイコは昆虫で唯一の完全な家畜昆虫で、イモムシである幼虫は、餌を探して歩き回ることもせず、成虫も飛ぶことができない。このような性質から、野外で生きることは不可能といわれている。

カイコを育てることを養蚕というが、その歴史は長く、始まりは五千年前にさかのぼるという。もともとは日本にもいるクワゴという野生のガを中国で飼育し、品種改良したものという説が有力である[21]。

いっぽう、蜂蜜を生産するセイヨウミツバチは野生のハチの巣を巣箱に入れ、半野生状態で野外飼育しているものである。野生化しても生きていけるが、より多くの蜜を生産するようヒトによって品種改良が進んでいる。

日本にはもともとニホンミツバチというハチがおり、それもときに飼育されるが、セイヨウミツバチより管理が難しく、一般的ではない。熱帯アジアや南米ではハリナシバチ（写真126）というミツバチのなかまを飼育して蜜を採取しているところもある。

ミツバチは蜜以外にも利用価値があり、蜜集めの際に花から花へと花粉を運ぶことから、植物の受粉にも大きく寄与している。ただし日本にもともと生息していなかったセイヨウミツバチについては、日本在来の花に来るハチに対する影響（競争関係）が心配される。[22]

昆虫は食べられる

昆虫はときに食べ物として利用されることもある。もともと人類の祖先は、かなり古い時期から昆虫を食料としていたと推測されており、現代人が昆虫を食べたとしても何ら不思議ではない。また実は多くの昆虫は食用にすることが可能である。

先に紹介したカイコも、繭から絹を取ったあとに残る蛹を食べることもある。ラオスやタイ北部など、いまだに昆虫を重要な食料源としている国や地域も少なくない。

日本全体ではイナゴの佃煮が比較的一般的であり、昆虫食のさかんな長野県や内陸の地方では、ほかにもさまざまな昆虫が食用に利用される。[23]

とくに有名なのはクロスズメバチの幼虫で、なんとも形容しがたい滋味がある。働きバチ

写真127　ヒゲナガカワトビケラの幼虫（上）と成虫（下）　©奥山

に印をつけて追いかけ、巣を見つけて掘り出すまでを「スガリ追い」と呼び、狩猟的な楽しみとする地域もある。このような地域ではハチの幼虫が高値で取り引きされることも少なくない。

またヒゲナガカワトビケラというトビケラ目の幼虫（写真127）も食用にされる。とくに長野県の一部では（ときにほかの水生昆虫の幼虫を含め）「ザザムシ」と呼ばれ、季節には専門の猟師が現れるほどである。

ほかにもたいていの昆虫は食用になるようで、最近では好事家も少なくなく、専門書さえ出ている。一部の西洋人は日本人がタコを食べることを驚異の目で見るが、昆虫食を特別視するのはそれと同じ偏見といえるのかもしれない。

それでも昆虫を食べるなど信じられないと思う

人もいるかもしれない。しかし、コチニールカイガラムシという南米のサボテンにつくカイガラムシからとれる天然色素は、さまざまな食品に利用されており、知らずに食べている人も多いはずである。

虫を愛でる心

エジプトのスカラベのように神聖視されるのは特別な例だが、ほかにも南ヨーロッパのセミやテントウムシのように、その姿が愛される例もある。

日本人は世界的に見ても昆虫の好きな民族で、世界最古の昆虫小説として、『堤中納言《つつみちゅうなごん》物語《ものがたり》』の「虫めづる姫君」のような物語もあるほどである。

また、小泉八雲ことラフカディオ＝ハーンは日本人が日常的に虫の声を楽しんでいることに注目している。[24]

私が子供のころまで、東京の祭の縁日には虫の屋台が出ており、スズムシやマツムシ、キリギリスをはじめ、さまざまな鳴く虫を売っていた。私の祖母も毎年スズムシを飼養し、その声を楽しんでいた。

また言わずもがな、カブトムシやクワガタムシのなかまは、虫好きな子供たちの最高の遊び相手であり、憧れである。夏休みに網を振り回して虫を捕る子供が大勢いて、どこにでも虫網を売っているのは、世界広しといえども日本だけである。

残念なことにこのような昆虫に対する子供の興味は成長とともに薄れてしまうことが多く、大人になってまで虫を追いかけている人は稀である。これもまた周囲に何でも合わせてしまいがちな日本人の習性なのかもしれない。

また、残酷ととらえる風潮もあるためか、昔のように夏休みの宿題で昆虫の標本を提出することも少なくなってしまったようだ。

その一方で、近年は昆虫を愛《め》でる人々の裾野が広がりつつある。男ばかりだった昆虫研究者にも女の人が増えてきているし、単純に趣味として昆虫が好きになったり、少年時代の情熱に回帰する大人も増えている。

昆虫の造形の美しさに着目した芸術家も増えつつあり、昆虫をモチーフとした作品を専門とする人も少なくない。

大人になってから昆虫を愛でる気持ちは、おそらく子供のときの情熱とは異なり、一時的なものではないだろう。孤独に昆虫に対する愛情を温めてきた私のような者には、同好の士が増えているようで、とてもうれしい昨今である。

おわりに

　大学博物館の教員という仕事柄、一般の方や専門外の学生を相手に、昆虫について説明したり、ちょっとした話題にしたりすることが多い。

　とにかく昆虫はすごい。すごいとしか言いようがなく、話そうとしていろいろな事象を思い出すと胸が熱くなるほどである。しかし、さまざまな事象を知れば知るほど、それらを短時間で説明するのは不可能となり、中途半端に小出しにして相手の知識に偏りを与えること に、いつも煮え切らない気持ちを抱えていた。

　昆虫に関する書籍は多いが、読み物として昆虫全般の生物学的な面白さを紹介する本は、最近ではほとんどなかった。そこで本書では、最近の知見を含め、私が多くの人に知ってもらいたい昆虫に関するよりぬきの面白い話題をかいつまんで紹介した。

「昆虫には興味があるけど、あまり知らない」、あるいは「昆虫は好きではないけど、どんなものか知りたい」という人の気持ちを想像して書き上げたのが本書である。

昆虫により親しみを感じていただくために、ところどころ昆虫とわれわれヒトとを対比している。最初に述べたように、昆虫の本能的な行動と人間の学習による行動では意味が異なるし、昆虫の種間の関係と、ヒトの個体間、集団間の関係とはまったく別のものである。誤解を与えないように注意して書き進めたが、そのことだけは念を押しておきたい。

どんな学問でも同じだが、昆虫に関する研究もだんだんと細分化していて、「昆虫を研究している」という人でも、現在では昆虫全般に興味の幅を広げている人は少ない。いても自分の専門分野に関係するものに対象を絞っている場合がほとんどで、なかには「事象に興味があっても虫には興味がない」などと浅学を開き直る学者もいる。

私の場合、小さなころから昆虫が好きで、最近でも一年のかなりの長い期間を、さまざまな昆虫の観察や海外での採集調査に費やしている。そのようなことも手伝ってか、昆虫全般の生態や多様性に関心がある。

私の学問としての専門は「分類学」であり、本書のような少々専門外の本を書くことに、最初は抵抗があったが、今では自分ならではの、実際に野外で昆虫を観察している視点で書くことができたのではないかと思っている。

また、ただ過去の研究を紹介するだけでは面白みがないので、昆虫とヒトの対比に加え、全体に私なりの考察を入れている。とくに私が趣味的に関心を抱いている「擬態」と「ツノゼミ」の話題に関する考察は、的を射ている自信はあるが、一部私見である。

あまりに多数の事象について紹介しているため、全般に広く浅く紹介するような形になってしまった。常識的なことについては省略しているが、個々の細かな事象については、最小限の参考文献をあげている。さらに詳しく知りたい方は、それらの論文や書籍にもあたってほしい。補足として、昆虫や進化についてさらに勉強したり調べたい方のために、次の本を紹介したい。

石井 実ら編（1996〜8）『日本動物大百科8〜10　昆虫Ⅰ〜Ⅲ』（平凡社）
日本の昆虫を中心に概説した本である。日本語で昆虫全体について網羅的に解説した本はほかになく、たいへん勉強になる。

槐 真史編（2013）『日本の昆虫1400①・②』（文一総合出版）
身近でふつうに見られる昆虫を厳選して図示しており、名前を調べるための手軽な図鑑としては最適である。

長谷川眞理子著（1999）『進化とはなんだろうか』（岩波ジュニア新書　岩波書店）

本書で進化という現象に興味を持たれた方は、より深い理解のために読んでほしい。これほど平易に書かれた本はなく、大人でも十分に勉強になる。

末筆ながら、小松 貴さん（九州大学）には普段の会話でさまざまな情報をいただき、文献の収集と写真の提供にも協力いただいた。杉浦真治さん（神戸大学）には全体を、伊藤文紀さん（香川大学）には社会性昆虫に関する部分を専門家としてお読みいただき、記述の訂正をしていただくとともに、数々のご助言をいただいた。本郷尚子さんには細部にわたる言葉の訂正をいただいた。秋永日加里さん、奥村巴菜さん、佐藤 歩さん、佐藤 揺さん、田中久稔さんには、一般の方の視点から、わかりにくい部分のご指摘をいただいた。奥山清市さんと長島聖大さん（伊丹市昆虫館）、島田 拓さん（アントルーム）には、数々の写真を提供いただいた。有本晃一さん、岩淵喜久男さん、亀澤洋さん、鈴木 格さん、野村昭英さん、林 成多さん、吉澤和徳さん、アレックス゠ワイルドさん、ロドリゴ゠フェレイラさん（以上、所属省略）にも写真の使用をお許しいただいた。また、編集の江渕眞人さん（コーエン企画）と古川遊也さん（光文社）には、さまざまなご意見とともに励ましをいただいた。ここに厚くお礼申し上げる。

参考文献一覧

第1章

[1] Novotny, V. et al. (2002) Nature, 416: 841-844.
[2] Costello, M. J. et al. (2013) Science, 339: 413-416.
[3] Holden, C. (1989) Science, 246: 754-756.
[4] Barrett, P. M. et al. (2008) Zitteliana, B28: 61-107.
[5] Wootton, R.J. (1981) Annual Review of Entomology, 26: 319-344.
[6] Ellington, C.P. (1991) Advances in Insect Physiology, 23: 171-210.
[7] Dawkins, R. (1976) The Selfish Gene. Oxford University Press, Oxford.（日高敏隆ら［翻訳］（2006）利己的な遺伝子（増補新装版）．紀伊國屋書店.）

第2章

[1] Farre, B.D. (1998) Science, 281: 555-559.
[2] Dussourd, D.E. & T. Eisner (1987) Science, 237: 898-901.
[3] Darling, D.C. (2007) Biotropica, 39: 555-558.
[4] Richard, A.M. (1983) International Journal of Entomology, 25: 11-41.
[5] Hirai, N & M. Ishii (2002) Entomological Science, 5: 153-159.
[6] Turlings, T.C.J. et al. (1990) Science, 250: 1251-1253.
[7] Turlings, T.C.J. et al. (1991) Journal of Chemical Ecology, 17: 2235-2251.
[8] Vet, L.E.M. & M. Dicke (1992) Annual Review of Entomology, 37: 141-172.
[9] Gouinguene, S. et al.(2001) Chemoecology, 11: 9-16.
[10] Verschaffelt, E. (1910) Verslagen der Zittingen van de Wis- en Natuurkundige Afdeeling der Koninklijke Akademie van Wetenschappen te Amsterdam, 19: 594-600.
[11] Blaakmeer A. et al. (1994) Entomologia Experimentalis et Applicata, 73: 175-182.
[12] Hartley, S.E. & J. H. Lawton (1992) Journal of Animal Ecology, 61: 113-119.
[13] 湯川淳一・桝田長（1996）日本原色虫えい図鑑．全国農村教育協会.
[14] 岩田久二雄（1982）本能の進化一蜂の比較習性学的研究．サイエンティスト社.
[15] Williams, F.X. (1956) Annals of the Entomological Society of America, 49: 447-466.
[16] Johnson, J.B. & K.S. Hagen (1981) Nature, 289: 506-507.
[17] Komatsu, T. (2014) Insectes Sociaux, 61: 203-205.
[18] Akre, R.D. & C.W. Rettenmeyer, (1966) Journal of the Kansas Entomological Society, 39: 745-782.
[19] Larsen, T.H. et al. (2009) Biology Letters, 5: 152-155.
[20] Jacobson, E. (1911) Tijdschrift voor Entomologie, 54: 175-179.
[21] Sato, T. et al. (2012) Ecology Letters, 15: 786-793.
[22] Gal, R. et al. (2005) Archives of Insect Biochemistry and Physiology, 60: 198-208.
[23] Henne, D.C. & S.J. Johnson (2007) Insectes Sociaux, 54: 150-153.
[24] Camhi, J.M. et al. (1978) Journal of Comparative Physiology, 128: 203-212.
[25] Patek, S.N. et al. (2006) Proceedings of the National Academy of Sciences, USA, 103: 12787-12792.
[26] Akino, T. et al. (2004) Chemoecology, 14: 165-174.
[27] Bates, H.W. (1863) The Naturalist on the River Amazons. J. Murray, London.
[28] Schulze, W. (1923) The Philippine Journal of Science, 23: 609-673, pls. 1-6.

[29] Müller, F. (1878) Zoologischer Anzeiger, 1: 54-55.
[30] Jacob, S. et al. (2002) Nature Genetics, 30: 175-179.
[31] Fabre, J.H. (1900) Souvenirs entomologiques Vol. 7. Librairie Delagrave, Paris.（奥本大三郎［翻訳］(2009) 完訳 ファーブル昆虫記 第7巻 下．集英社.）
[32] Kaissling, K-E. & E. Priesner (1970) Naturwissenschaften, 57: 23-28.
[33] Niemitz, C. & A. Krampe (1972) Zeitschrift für Tierpsychologie, 30: 456-463.
[34] Fabre, J.H. (1897) Souvenirs entomologiques Vol. 5. Librairie Delagrave, Paris.（奥本大三郎［翻訳］(2007) 完訳 ファーブル昆虫記 第5巻 下．集英社.）
[35] Lloyd, J.E. (1975) Science, 187: 452-453.
[36] Stanger, H.K.F. et al. (2007) Molecular Phylogenetics and Evolution, 45: 33-49.
[37] Eistner, T. et al. (1978) Proceedings of the National Academy of Science of USA, 75: 905-908.
[38] 井上亜古 (1998) オドリバエの求愛給餌．インセクタリュム，35: 4-9
[39] Eltringham, H. (1928) Proceedings of the Royal Society of London, Series B, 102: 327-334, pl. 22.
[40] Grootaert, P. et al. (1990) International Congress of Dipterology, Bratislava, Abstract Volume 79.
[41] Kessel, E.L. (1955) Systematic Biology, 4: 97-104.
[42] 三枝豊平 (1978) 結婚の贈り物に風船を作って渡すハエ．アニマ，63: 33-36.
[43] Eisner, T. (1996) Proceedings of the National Academy of Sciences, USA, 93: 6499-6503.
[44] Hashimoto, K. & F. Hayashi (2014) Entomological Science, online.
[45] Caudell, A.N. (1908) Entomological News, 19: 44-45.
[46] Sakaluk, S.K. (2000) Proceedings of the Royal Society of London, Series B, 267: 339-344.
[47] Roeder, K.D. (1935) Biological Bulletin, 69: 203-219.
[48] Liske, E. (1991) Zoological Journal of Physiology, 95: 465-473.
[49] Sturn, H. (1992) Zoologischer Anzeiger, 228: 60-73.
[50] 堤 千里 (1996) イシノミ類．石井 実ら編 日本動物大百科8 昆虫Ⅰ：56-59．平凡社.
[51] Proctor, H.C. (1998) Annual Review of Entomology, 43: 153-174.
[52] Bryk, F. (1918) Arkiv für Zoologie, 11: 1-38.
[53] Bryk, F. (1919) Archiv für Naturgeschichte, 85: 102-183.
[54] Koshio, C. (1997) Applied Entomology and Zoology, 32: 273-281.
[55] Hayashi, F. & K. Tsuchiya (2005) Entomological Science, 8: 245-252.
[56] Siva-Jothy, M.T. (1988) Journal of Insect Behavior, 1: 235-245.
[57] Michiels, N.K. (1989) Odonatologica, 18: 21-31.
[58] Siva-Jothy M.T. & Y. Tsubaki (1994) Physiological Entomology, 19: 363-366.
[59] Reinhardt, K. & M.T. Siva-Jothy (2007) Annual Review of Entomology, 52: 351-374.
[60] Morrow, E.H. & G. Arnqvist (2003) Proceedings of the Royal Society, Series B, 270: 2377-2381.
[61] Reinhardt, K. et al. (2003) Proceedings of the Royal Society, Series B, 270: 2371-2375.
[62] Beani, L. et al. (2005) Journal of Morphology, 265: 291-303.
[63] Kamimura, Y. (2007) Biology Letters, 3: 401-404.
[64] Carayon, J. (1974) Comptes Rendus de l'Academie des Sciences,France, 278: 2803-2806.

[65] Levan, K.E. et al. (2009) Journal of Evolutionary Biology, 22: 60-70.
[66] Yoshizawa, K. et al. (2014) Current Biology, 24: online.
[67] Ichikawa, N. (1991) Journal of Ethology, 9: 25-29.
[68] Sota, T. & K. Kubota (1998) Evolution, 52: 1507-1513.
[69] Tatsuta, H. et al. (2007) Biological Journal of the Linnean Society, 90: 573-581.
[70] Dixon, A.F.G. (1973) The Biology of Aphids. Edward Arnold, London.
[71] Blackman, R.L. (1979) Biological Journal of the Linnean Society, 11: 259-277.
[72] Silvestri, F. (1906) Annali della Scuola Superiore di Agricoltura in Portici, 6: 1-51.
[73] 岩淵喜久男（1993）多胚性寄生蜂の胚子発生．遺伝，47(10): 71-76.
[74] Veenendaal, R.L. (2011) Nederlandse Faunistiche Mededelingen, 35: 17-20.
[75] Yamane, S. (1973) Kontyû, 41: 194-202.
[76] Edwards, R. (1980) Social Wasps Their Biology and Control. Rentokil Ltd, East Grinstead, UK.
[77] Clausen, C.P. (1940) Entomophagous Insects. McGraw Hill, New York.
[78] Bohac, V. & J.R. Winkler (1964) Book of Beetles. Spring Books, London.
[79] Deleurance-Glaucon, S. (1963) Annales des Sciences Naturelles, Zoologie, 12: 1-172.
[80] Polilov, A. A. & R. Beutel (2009) Arthropod Structure & Development, 38: 247-270.
[81] Taylor, V. et al. (1982) Tissue and Cell, 14: 113-123.
[82] Bacetti, B. & E. DeConnick (1989) Biology of the Cell, 67: 185-191.
[83] Maruyama, M. (2012) ZooKeys, 254: 89-97.
[84] Howden, H. et al. (2007) Zootaxa, 1499: 47-59.
[85] Houston, T. F. (2011) Australian Journal of Entomology, 50: 164-173.
[86] Eisner, T. et al. (2001) Chemoecology, 11: 209-219.
[87] Dubois, R. (1885) Comptes rendus de la Société biologique, 8th ser., 2: 559-562.
[88] Harvey, E.N. (1916) Science, 44: 652-654.
[89] Hastings, J.W. (1983) Journal of Molecular Evolution, 19: 309-321.
[90] Richards, A.M. (1960) Transactions of the Royal Society of New Zealand, 88: 559-574, pls. 27-38.
[91] Kato, K. (1953) The Science Reports of the Saitama University, B1: 59-63.
[92] Redford, K.H. (1982) Revista Brasileira de Zoologia, 1: 31-34.
[93] Wood, T.K. (1993) Annual Review of Enomology, 38: 409-435.
[94] Wood, T.K. & G.K. Morris (1974) Canadian Entomologist, 106: 143-148.
[95] Funkhouser, W.D. (1921) Science, 54: 157.
[96] Wood, T.K. (1977) Annals of the Entomological Society of America, 70: 524-528.
[97] Mann, W.M. (1912) Psyche, 19: 145-147.
[98] Cheng, L. (1985) Annual Review of Entomology, 30: 111-134.
[99] Andersen, N.M. & L. Cheng (2004) Oceanography and Marine Biology: an Annual Review, 42: 119-180.
[100] Brower, L.P. (1977) Natural History, 87: 40-53.
[101] 山下善平（1955）イチモンジセセリの移動の実態．植物防疫，9: 317-323.
[102] Miyashita, K. (1973) Japanese Journal of Ecology, 23: 251-254.
[103] Seino, H. et al. (1987) Journal of Agricultural Meteorology, 43: 203-208.
[104] Sogawa, K. (1995) Bulletin of the Kyushu National Agricultural Experiment Station, 28: 219-278.
[105] Adams, S. (1985) Antenna, 8:58-61.

[106] Hinton, H.E. (1960) Nature, 188: 336-337.
[107] Sakurai, M. et al. (2008) Proceedings of the National Academy of Sciences, USA, 105: 5093-5098.
[108] Sugiura, S. & K. Yamazaki (2014) Behavioral Ecology, online.
[109] Tauber, C.A. et al. (2003) Neuroptera (Lacewings, Antlions). In: Resh, V.H. & R. Carde (eds.), Encyclopedia of Insects: 785-798. Academic Press, New York.
[110] Wade, J.S. (1922) Canadian Entomologist, 54: 145-149.
[111] Estes, A.M. et al. (2013) PLoS ONE, 8(11), e79061.
[112] Bornemissza, G.F. (1960) Journal of the Australian Institute of Agricultural Science, 26: 54-56.
[113] Bornemissza, G.F. (1970) Australian Journal of Entomology, 9: 31-41.
[114] Harris, W.V. (1956) Insectes Sociaux, 3: 261-268.
[115] Grigg, G.C. (1973) Australian Journal of Zoology, 21: 231-237.
[116] Korb, J. (2003) Naturwissenschaften, 90: 212-219.
[117] Wilson, E.O. (1971) The Insect Societies. Belknap Press, Cambridge.
[118] Keller, L. (1998) Insectes Sociaux, 45: 235-246.
[119] Rosengren, R. et al. (1987) Annales Zoologici Fennici, 24: 147-155.
[120] Horstmann, K. (1972) Oecologia, 8: 371-390.
[121] Horstmann, K. (1974) Oecologia, 15: 187-204.
[122] Gösswald, K. (1990) Die Waldameise. Band 2: Die Waldameise in Okosystem Wald, ihr Nutzen und ihre Hege. AULA-Verlag, Wiebelsheim, Germany.

第3章

[1] Davidson D.W. et al. (2003) Science, 300: 969-972.
[2] Byrd, J.H. & J.L. Castner (2001) Forensic Entomology: the Utility of Arthropods in Legal Investigations. CRC Press, Boca Raton, Florida.
[3] Fabre, J.H. (1919) The Glow-worm and Other Beetles (tr AT de Mattos). Hodders & Stoughton, London.
[4] Milne, L.J. & M. Milne (1976) Scientific American, 235: 84-90.
[5] Scott, M.P. (1989) Journal of Insect Behaviour, 2: 133-137.
[6] Fetherston, I.A. et al. (1990) Ethology, 85: 177-190.
[7] Suzuki, S. (2000) Entomological Science, 4: 403-405.
[8] Tsukamoto, L. & S. Tojo (1992) Journal of Ethology, 10: 21-29.
[9] Hironaka, M. et al. (2001) Zoological Science, 20: 423-428.
[10] Nakahira, T. (1994) Naturwissenschaften, 81:413-414.
[11] Hironaka, M. et al. (2005) Ethology, 111:1089-1102.
[12] Filippi, L. et al. (2009). Naturwissenschaften, 96: 201-211.
[13] 立川周二（1971）東京農業大学農学集報（創立80周年記念論文集）：24-34.
[14] 立川周二（1991）日本産異翅半翅類の亜社会性：カメムシ類の親子関係．東京農業大学出版会．
[15] Suzuki, S. et al. (2005) Journal of Ethology, 23: 211-213.
[16] Wilson, E.O. (1958) Evolution, 12: 24-36.
[17] Schneirla, T.C. (1971) Army Ants: a Study in Social Organization. W.H. Freeman and Company, San Francisco.
[18] Gotwald, W.H. Jr. (1995) Army Ants: the Biology of Social Predation. Cornell

University Press, Ithaca.
[19] Chapman, J.W. (1964) The Philippine Journal of Science, 93: 551-595.
[20] Schneirla, T.C. & A.Y. Reyes (1966) Animal Behaviour, 14: 132-148.
[21] Schneirla, T.C. & A.Y. Reyes (1969) Animal Behaviour, 17: 87-103.
[22] Hirosawa, H. et al. (2000) Insectes Sociaux, 47: 42-49.
[23] Raignier, A. & J. Van Boven (1955) Annales du Musée Royal du Congo Belge, ns 4° (Sciences Zoologiques), 2: 1-359.
[24] Rettenmeyer, C.W. (1963) University of Kansas Science Bulletin, 44: 281-465.
[25] Rettenmeyer, C.W. (1961) University of Kansas Science Bulletin, 42: 993-1066.
[26] Willis, E. & Y. Oniki (1978) Birds and Army Ants. Annual Review of Ecology, and Systematics, 9: 243-263.
[27] Rettenmeyer, C.W. et al. (2011) Insectes Sociaux, 58: 281-292.
[28] Bernard, F. (1968) Les fourmis d'Europe occidentale et septentrionale. Masson et Cie Editeurs, Paris.
[29] Taki, A. (1976) Physiology and Ecology Japan, 17: 503-512.
[30] Onoyama, K. & T. Abe (1982) Japanese Journal of Ecology, 32: 383-393.
[31] Dahan, H. et al. (2002) Acta Ecologica Sinica, 23: 1063-1070.
[32] Hölldobler, B. & E.O. Wilson (1990) The Ants. The Belknap Press of Harvard University Press, Cambridge.
[33] Mueller, U.G. (2002) American Naturalist, 160: S67-98.
[34] Mueller, U.G. et al. (2005) Annual Review of Ecology, Evolution, and Systematics, 36: 563-595.
[35] Matsumoto, T. (1976) Oecologia, 22, 153-178.
[36] Collins, N.M. (1983) In: Lee, J.A. et al (eds.), Nitrogen as an Ecological Factor: 381-412. Blackwell Scientific Publications, Oxford.
[37] Ihering, R.V. (1898) Zoologischer Anzeiger, 21: 238-245.
[38] Wheeler, W.M. (1907) Bulletin of the American Museum of Natural History, 23: 669-807.
[39] Piper, R. (2007) Extraordinary Animals: An Encyclopedia of Curious and Unusual Animals. Greenwood Press, Westport.
[40] Currie, C.R. et al. (1999) Nature, 398: 701-704.
[41] Rockwood, L.L. (1976) Ecology, 57: 48-61.
[42] Ballari, S. et al. (2007) Journal of Insect Behavior, 20: 87-98.
[43] Richard, F.J. et al. (2007) Journal of Chemical Ecology, 33: 2281-2292.
[44] Schultz T.R. & S.G. Brady (2008) Proceedings of the National Academy of Sciences, USA, 105: 5435-5440.
[45] Huber, J. (1905) Biologisches Centralblatt, 25: 606-619.
[46] Baker, J.M. (1963) Symposia of the Society for General Microbiology, 13: 232-265.
[47] Biedermann, P.H. & M. Taborsky (2011) Proceedings of the National Academy of Sciences, USA, 108: 17064-17069.
[48] Grebennikov, V.V. & R.A Leschen. (2010) Entomological Science, 13: 81-98.
[49] Fiala, B. et al. (1989) Oecologia, 79: 463-470.
[50] Fiala, B. et al. (1999) Biological Journal of the Linnean Society, 66: 305-331.
[51] Quek, S.P. et al. (2004) Evolution, 58: 554-570.
[52] Federle, W. et al. (1998) Insectes Sociaux, 45: 1-16.

[53] Nomura, M. et al. (2000) Ecological Research, 15: 1-11.
[54] Heckroth, H.P. et al. (1998) Journal of Tropical Ecology, 14: 427-443.
[55] Burtt, B.D. (1942) Journal of Ecology, 30: 65-146.
[56] Janzen, D.H. (1969) Ecology, 50: 147-153.
[57] Huxley, C.R. (1978) New Phytologist, 80: 231-268.
[58] Huxley, C.R. (1980) Biological Reviews, 55: 321-340.
[59] Ellis, A.G. & J.J. Midgley (1996) Oecologia, 106: 478-481.
[60] Voigt, D. & S. Gorb (2008) The Journal of Experimental Biology, 211: 2647-2657.
[61] Auclair, J.L. (1963) Annual Review of Entomology, 8: 439-490 .
[62] Stadler, B. & A. F. Dixon (1998) Journal of Animal Ecology, 67: 454-459.
[63] Yao, I. et al. (2000) Oikos, 89: 3-10.
[64] Sakata, H. (1994) Researches on Population Ecology 36: 45-51.
[65] Williams, D.J. (1978) Bulletin of the British Museum,Natural History, Entomology Series, 37: 1-72.
[66] Williams, D.J. (1998) Bulletin of the British Museum, Natural History, Entomology Series, 67: 1-64.
[67] Terayama, M. (1988) Rostria, 39: 643-648.
[68] Kishimoto Yamada, K. et al. (2005) Journal of Natural History, 39: 3501-3524.
[69] Bünzli, G.H. (1935) Mitteilungen der Schweizerische Entomologische Gesellschaft, 16: 453-593.
[70] Wheeler, W.M. (1935) Journal of the New York Entomological Society, 43: 321-329.
[71] Hardin, G. (1960) Science, 131: 1292-1297.
[72] 市川俊英・上田恭一郎（2010）香川大学農学部学術報告，62: 39-58.
[73] Hongo, Y. (2003) Behaviour, 140: 501-517.
[74] Siva-Jothy, M.T. (1987) Journal of Ethology, 5: 165-172.
[75] Inoue, A. & E. Hasegawa (2013) Journal of ethology, 31: 55-60.
[76] Hölldobler, B. & C.J. Lumsden (1980) Science, 210: 732-739.
[77] Lumsden, C.J. & B. Hölldobler (1983) Journal of Theoretical Biology, 100: 81-98.
[78] Hölldobler, B. (1981) Behavioral Ecology and Sociobiology, 9: 301-314.
[79] Hölldobler, B. (1982) Oecologia, 52: 208-213.
[80] Möglich, M.H. & G.D. Alpert (1979) Behavioral Ecology and Sociobiology, 6: 105-113.
[81] Gordon, D.M. (1988) Oecologia, 75: 114-118.
[82] Maschwitz, U. & E. Maschwitz (1974) Oecologia, 14: 289-294.
[83] Buschinger A. & U. Maschwitz (1984) In: Hermann, H.R. (ed.) Defensive Mechanisms in Social Insects: 95-150. Praeger, New York.
[84] Ono, M. et al. (1987) Experientia, 43:1031-1032.
[85] Wheeler, W. M. (1910) Ants: Their Structure, Development and Behavior (Vol. 9). Columbia University Press, New York.
[86] Yano, M. (1911) Psyche, 18: 110-112.
[87] Hasegawa, E. & T. Yamaguchi (1994) Insectes Sociaux, 41: 279-289.
[88] Topoff, H. (1990) American Scientist, 78: 520-528.
[89] Topoff, H. et al. (1988) Ethology, 78: 209-218.
[90] Mori, A. et al. (1995) Insectes Sociaux, 42: 279-286.
[91] Tsuneoka, Y. (2008) Journal of Ethology, 26: 243-247.
[92] Tsuneoka, Y. & T. Akino (2012) Chemoecology, 22: 89-99.

[93] Creighton, W.S. (1950) Bulletin of the Museum of Comparative Zoology, 104: 1-585.
[94] Terayama, M. (1988) Kontyû, 56: 458.
[95] Kutter, H. (1923) Revue suisse de Zoologie, 30: 387-424.
[96] Emery, C. (1909) Biologisches Centralblatt, 29: 352-362.
[97] 郡場央基（1963）昆蟲，31: 200-209.
[98] Seifert, B. (1988) Entomologische Abhandlungen Staatliches Museum für Tierkunde Dresden, 51: 143-180.
[99] Dekoninck, W. et al. (2004) Myrmecologische Nachrichten, 6: 5-8.
[100] Kutter, H. (1950) Mitteilungen der Schweizerischen Entomologischen Gesellschaft, 23: 81-94.
[101] Stumper, R. (1951) Mitteilungen der Schweizerischen Entomologischen Gesellschaft, 24: 129-152 .
[102] Buschinger, A. (2009) Myrmecological News, 12: 219-235.
[103] Kronauer, D.J.C. et al. (2003) Proceedings of the Royal Society of London, Series B, 270: 805-810.
[104] Buschinger, A. (1970) Naturwissenschaften, 62: 239-240.
[105] Buschinger. A. (1990) Journal of Zoological Systematics and Evolutionary Research, 28: 241-260.
[106] Kistner, D.H. (1979) In: Hermann, H.R. (ed.), Social Insects Vol. I: 339-413. Academic Press, New York.
[107] Kistner, D.H. (1982) In: Hermann, H.R. (ed.), Social Insects Vol III: 1-244. Academic Press, New York.
[108] Elmes, G.W. (1996) In: Lee, B.H. et al. (eds.), Biodiversity Research and Its Perspectives in East Asia: 33-48. Chonbuk National University, Korea.
[109] Wasmann, E. (1901) Natur und Offenbarung, 47: 24.
[110] Komatsu, T. et al. (2009) Insectes Sociaux, 56: 389-396.
[111] Quinet, Y. & J.M. Pasteels (1995) Insectes Sociaux, 42: 31-44.
[112] Donithorpe, H. (1927) The Guests of British Ants, Their Habits and Life-Histories. G. Routledge and Sons, London.
[113] Roth, L.M. (1995) Psyche, 102: 79-87.
[114] Inui, Y. et al. (2010) Journal of Natural History, 43: 19-20.
[115] Maruyama, M. (2010) ZooKeys, 34: 49-54.
[116] Maruyama, M. et al. (2014) Zootaxa, 3786: 73-78.
[117] 丸山宗利ら（2014）アリの巣の生き物図鑑．東海大学出版会．
[118] 丸山宗利（2013）アリの巣をめぐる冒険―未踏の調査地は足下に―．東海大学出版会．
[119] Howard, R.W. et al. (1990) Journal of the Kansas Entomological Society, 63: 437-443.
[120] Frohawk, F. (1906) The Entomologist, 39: 145-147.
[121] Elmes, G.W. et al. (1991) Journal of Zoology, 223:447-460.
[122] Thomas, J.A. et al. (2010) Communicative & Integrative Biology, 3: 169-171.
[123] Mann, W.M. (1920) Annals of the Entomological Society of America, 13: 60-69.
[124] Hölldobler, B. et al. (1981) Psyche, 88: 347-374.
[125] Hojo, M.K. et al. (2009) Proceedings of the Royal Society, Series B, 276: 551-558.
[126] Hölldobler, B. (1967) Zeitschrift für vergleichende Physiologie, 56: 1-21.
[127] Hölldobler, B. (1968) In: Herre, W. (ed.) Verhandlungen der Deutschen Zoologischen Gesellschaft (in Heidelberg, 1968) (Zoologischer Anzeiger Supplement, 31): 428-434.

[128] Hölldobler, B. (1970) Zeitschrift für vergleichende Physiologie, 66: 215-250.
[129] Wasmann, E. (1925) Die Ameisenmimikry. Ein exakter Beitrag zum Mimikryproblem und zur Theorie der Anpassung. Gebrueder Bortraager, Berlin.
[130] Maruyama, M. et al. (2009) Sociobiology, 54: 19-35.
[131] Oliveira, P.S. & I. Sazima (1984) Biological Journal of the Linnean Society, 22: 145-155.
[132] Maruyama, M. et al. (2010) Entomological Science, 14: 75-81.
[133] Wasmann, E. (1900) Zoologische Jahrbücher. Abteilung für Anatomie, 67: 599-617.
[134] Mergelsberg, O. (1935) Zoologische Jahrbücher (Anatomie), 60: 435-398.
[135] Seevers, C.H. (1957) Fieldiana: Zoology, 40: 1-334.

第4章

[1] Bacot, A. (1917) Parasitology, 9: 228-258.
[2] Maunder, J.W. (1983) Proceedings of the Royal Institution of Great Britain, 55: 1-31.
[3] Florence, L. (1921) Cornell University Agricultural Experiment Station Memoir, 51: 636-743.
[4] Zimmerman, E.C. (1960) Evolution, 14: 137-138.
[5] Buchanan, P.J. (2010) The Death of the West: How Dying Populations and Immigrant Invasions Imperil Our Country and Civilization. St. Martin's Griffin, London.
[6] Rogers, D.J. et al. (1996) Annals of Tropical Medicine and Parasitology, 90: 225-241.
[7] Brun, R. et al. (2010) The Lancet, 375: 148-159.
[8] World Health Organization (1995) WHO Technical Report Series, 852: 1-112.
[9] Basáñez, M.G. et al. (2006) PLoS Medicine, 3: 1454-1460.
[10] Fine, A. (1969) Annales de la Société Belge de Medecine Tropicale, 49: 499-530.
[11] Usinger, R. (1944) Public Health Bulletin, 288: 1-83.
[12] Ryckman, R.E. (1981) Bulletin of the Society for Vector Ecology, 6: 167-169.
[13] Desjeux, P. (1991) Rapport Trimestriel de Statistiques Sanitaires Mondiales, 45: 267-275.
[14] Volf, P. et al. (2008) Parasite, 15: 237-243.
[15] 堀井俊宏（2007）学術月報，60: 217-223.
[16] 内務省衛生局（1919）各地方ニ於ケル「マラリア」ニ關スル概況．内務省衛生局．
[17] 澤田藤一郎（1949）日本内科學會雑誌，38: 1-14
[18] Matsumura, M. & S. Sanada-Morimura (2010) JARQ, 44: 225-230.
[19] Otsuka, A. et al. (2010) Applied Entomology & Zoology, 45: 259-266.
[20] Pavan, M. & G. Bo. (1953) Physiologia Comparata et Oecologia, 3: 307-312.
[21] Goldsmith, M.R. et al.(2005) Annual Review of Entomology, 50: 71-100.
[22] Kato, M. et al. (1999) Researches on Population Ecology, 41: 217-228.
[23] Fleagle, J.G. (1999) Primate Adaptation and Evolution. Academic Press, New York.
[24] Hearn, L. (1898) Exotics and Retrospectives. Ardent Media, Sheffield.（小泉八雲［著］；平井呈一［翻訳］（1964）仏の畑の落穂・異国風物と回想．恒文社.）

丸山宗利（まるやまむねとし）
1974年生まれ。博士（農学）。九州大学総合研究博物館助教。北海道大学大学院農学研究科博士課程を修了。国立科学博物館、フィールド自然史博物館（シカゴ）研究員を経て、2008年より現職。アリやシロアリと共生する昆虫の多様性解明が専門であり、アジアではその第一人者である。毎年精力的に国内外での昆虫調査を実施し、数々の新種を発見、多数の論文を発表している。著書に『ツノゼミ』（幻冬舎）、『森と水辺の甲虫誌』（編著）『アリの巣をめぐる冒険』（いずれも東海大学出版会）などがある。

昆虫《こんちゅう》はすごい

2014年8月20日初版1刷発行
2015年8月30日　11刷発行

著　者 —— 丸山宗利
発行者 —— 駒井　稔
装　幀 —— アラン・チャン
印刷所 —— 堀内印刷
製本所 —— 関川製本
発行所 —— 株式会社光文社
東京都文京区音羽1-16-6（〒112-8011）
http://www.kobunsha.com/
電　話 —— 編集部03(5395)8289　書籍販売部03(5395)8116
業務部03(5395)8125
メール —— sinsyo@kobunsha.com

 ISBN 978-4-334-03813-7

707
名画で読み解く
ロマノフ家　12の物語
中野京子
ロシアの王室、ロマノフ家。幽閉、裏切り、謀略、暗殺、共産主義革命――愛と憎しみに翻弄された三〇〇年余の歴史を、全点カラーの絵画とともに読み解く。好評シリーズ第3弾。
978-4-334-03811-3

708
謎とき　東北の関ヶ原
上杉景勝と伊達政宗
渡邊大門
歴史モノのキラー・コンテンツ「関ヶ原の戦い」を、上杉景勝と伊達政宗という二人の大名を中心に読み解く。情報戦、腹の探り合い、アリバイ工作。東北から歴史を読む画期的試み。
978-4-334-03812-0

709
ＹｏｕＴｕｂｅで食べていく
「動画投稿」という生き方
愛場大介（ジェット☆ダイスケ）
動画投稿で稼ぐ人が増えている。ＹｏｕＴｕｂｅで稼ぎ、有名になるとはどういうことか。トップクリエイターらへのインタビューを交え、動画投稿ビジネスについて考える。
978-4-334-03804-5

710
昆虫はすごい
丸山宗利
人間がしていることは、ほとんど昆虫が先にやっている。狩猟採集、農業、牧畜、建築から社会生活、恋愛まで、人の思考を覆す驚きの生態を大公開！　養老孟司氏推薦！
978-4-334-03813-7

711
女子高生の裏社会
「関係性の貧困」に生きる少女たち
仁藤夢乃
今、「普通の」女子高生が「ＪＫリフレ」や「ＪＫお散歩」の現場に入り込んできている。彼女たちの身に何が起きているのか――。生の声を通して見えてきた、少女たちの現状。
978-4-334-03814-4